昆山市学校规划设计导则

KUNSHAN SCHOOL PLANNING & DESIGN GUIDELINES

主 编

徐佳峰　余启航　肖 飞

副主编

谭玉龙　倪 冶　王志敏　吴 迪

中国水利水电出版社
www.waterpub.com.cn
·北京·

内 容 提 要

本书围绕学校布局规模与选址、学校周边交通设施、学校内部交通设施三个方面进行学校规划设计指导，理论与实例相结合，为解决学校周边交通拥堵问题提供了有效的方案，对学校规划、设计、建设和管理等相关工作人员具有一定的指导意义。

图书在版编目（CIP）数据

昆山市学校规划设计导则 / 徐佳峰，余启航，肖飞
主编. -- 北京 : 中国水利水电出版社，2020.11
ISBN 978-7-5170-9206-3

Ⅰ. ①昆… Ⅱ. ①徐… ②余… ③肖… Ⅲ. ①学校－
城市规划－环境设计－昆山 Ⅳ. ①TU984.14

中国版本图书馆CIP数据核字(2020)第233491号

审图号：昆图审（2020）015号

书　　　名	昆山市学校规划设计导则 KUNSHAN SHI XUEXIAO GUIHUA SHEJI DAOZE
作　　　者	徐佳峰　余启航　肖　飞　主编 谭玉龙　倪　冶　王志敏　吴　迪　副主编
出 版 发 行	中国水利水电出版社 （北京市海淀区玉渊潭南路1号D座　100038） 网址：www.waterpub.com.cn E-mail：sales@waterpub.com.cn 电话：（010）68367658（营销中心）
经　　　售	北京科水图书销售中心（零售） 电话：（010）88383994、63202643、68545874 全国各地新华书店和相关出版物销售网点
排　　　版	北京水利万物传媒有限公司
印　　　刷	天津旭非印刷有限公司
规　　　格	210mm×285mm　16开本　10印张　156千字
版　　　次	2020年11月第1版　2020年11月第1次印刷
定　　　价	88.00元

本书编委会

主　编：

徐佳峰　余启航　肖　飞

副主编：

谭玉龙　倪　冶　王志敏　吴　迪

顾　问（按姓氏笔画排序）：

王志斌　王树盛　孙　涛　李新佳　杨晓光　陈国英　时永刚

沈　剑　钮卫东　徐瑗瑗　樊　钧

参编委员：

汪　斌	李　瑞	张凤阳	黄伟强	吴尚坚	孙　凯	李　钊
刘　宇	吴海涛	吴　瑕	陈琴琴	张令刚	葛明明	钱沈超
孙茹平	徐怡波	冯晓芸	齐思敏	陆健龙	周　游	张　丽
王　祯	吴　洁	褚玮琦	孙晓琳	方伟杰	饶辉波	杨　慧
刘修政	柳敏婷	彭　超	张　松	高　雷	王安平	陆佳敏
杜晓燕	李　康	杨　柳	赵　凡	酒毓敏	肖亚军	周芮言
朱　峰	李智明	邵　凡	徐　滨	陆翔宇	张振栋	毛一鸣
黄　阳	娄慧鑫	纪豪杰	宋　阳	张　艳	王丽君	

推荐序 FOREWORD

在我国，伴随着交通的快速机动化，家长开车接送孩子通学的现象十分普遍，很多城市的中小学校周边道路因此而常发交通拥堵、秩序混乱，而且还导致交通安全隐患。学校周边交通问题已经成为我国城市交通拥堵的一大难题，也是亟须重点研究并提供对策的课题之一。《昆山市学校规划设计导则》（以下简称《导则》）的编制出版，为我国广大的中小学校周边交通问题的研究和破解，提供了宝贵的思路和方法。

该《导则》虽是面向昆山市学校规划设计而编制的，但所明确的学校布局、规模、选址、交通组织基本规划设计要求，提出的学校选址优化、学校内部和外部交通组织优化的一揽子"实招"，同样可为广大的学校防治其周边交通问题提供重要的参考和借鉴。

在学校选址优化方面，《导则》提出的学校布局应按照均衡化并以集散有序为导向，在符合规划的前提下，以方便学生就近入学且适应社会发展需要为原则，合理布局并调整学校布点，避免将幼儿园、小学、中学资源集中连片布置于同一条道路沿线；适当调整学校周边的路网结构和密度，形成区域交通微循环；提高步行和非机动车可达性，设置公交路线，组织单向通行和快速疏散上下学人流和车流等，具有指导意义。

在学校外部交通组织优化方面，《导则》提出的学校周边道路应采取交通稳静化措施，降低机动车车速，保障行人和非机动车的安全；利用周边道路设置临时停车位，或结合周边居住、商业、公园等地块建设共享停车位，在上下学时段供学校使用；学校周边道路交叉口和学校出入口50米范围内应合理设置过街横道等，具有很强的实用性。

在学校内部交通组织优化方面，《导则》提出学校出入口附近应设置足够的行人、非机动车、校车接送空间；新建学校可利用学校地下空间设置接送空间，精细化进行地下接送交通组织设计。

《导则》提出的学校服务半径、规模控制、选址原则、行人—非机动车共板通行条件、出入口间距及其接送空间规模与形式、各类学校（幼儿园、小学、初中、高中）功能布局模式、学校停车配建指标、地下接送交通组织原则等多项措施，其理念超前，具有原创性，不仅可为昆山市提供指导，还可为国内其他城市缓解学校及周边交通问题提供极为宝贵的参考。

鉴于《昆山市学校规划设计导则》出版的重要意义和价值，特作此序予以推荐。

同济大学交通运输工程学院/城市交通研究院教授，博士生导师
全国城市道路交通文明畅通提升行动计划专家组专家
2020年11月18日于同济园

自 序 F O R E W O R D

2009年4月，习近平总书记在江苏调研时对昆山发展寄予厚望，指出"像昆山这样的地方，包括苏州，现代化应该是一个可以去勾画的目标"。《昆山城市总体规划（2017—2035）》提出"临沪先锋城市、江南宜居花园"的城市发展目标，未来将构建"10分钟美好生活圈"，打造城乡一体、均等覆盖的教育设施体系。2019年，江苏省委省政府把昆山列为全省社会主义现代化建设试点地区，昆山将勇当新时代高质量发展和现代化试点走在前列的热血尖兵，全力打造社会主义现代化建设标杆城市。

儿童友好型学校作为现代化建设标杆城市中必不可少的一环，对新形势下的城市规划建设提出了更高的要求，需要在学校规划建设过程中更加重视儿童参与、倾听儿童诉求、保障儿童权益。江苏省昆山市，连续15年荣获全国百强县第一名，人民生活水平大幅提高，私家车保有量以每年20%以上的速度增长，家长利用私家车接送学生的比例不断增加，上下学时段学校周边道路车辆随意停放、交通秩序混乱和交通拥堵等问题日渐突出。学校交通拥堵和交通安全问题，波及范围逐渐由一个点蔓延至周边区域，对周边交通产生很多负面影响，严重影响学校及周边区域的安全畅通。尤其是2020年，受新冠肺炎疫情影响，学校复学以后，绝大多数家长优先考虑使用私家车接送学生上下学，学校周边交通拥堵问题雪上加霜。

自2013年开始，昆山市城市交通研究办公室便开始研究学校交通问题，2017年昆山市自然资源和规划局组织编制《昆山市学校规划设计导则》（以下简称《导则》），旨在通过规划设计理念上的创新，从源头解决学校周边交通痼疾，在探索缓解学校周边交通拥堵问题上做出全面系统性尝试。

因此，根据国家部委、江苏省、苏州市、昆山市等政府和有关部门针对学校设施规划、办学标准、交通管理、建筑设计、停车配建等制定的标准、规范和文件要求，结合线上线下海量问卷调查，本着"安全有序、集约节约、优美舒适、智慧共享"的学校规划设计目标，围绕学校布局规模与选址、周边交通设施、内部交通设施三个方面内容、10项要素进行设计引导，编制《昆山市学校规划设计导则》非常及时和必要，为昆山和国内其他城市探索如何缓解学校及周边交通问题，建设儿童友好型学校，做出了第一次全面系统性探索。

由于涵盖内容涉及面广，本书难免有不妥之处，敬请指正。

编委会
2020 年 11 月

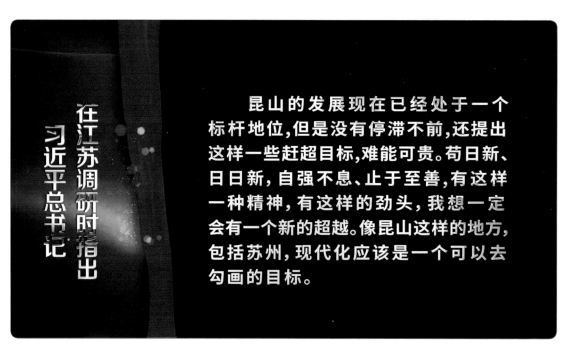

习近平总书记 在江苏调研时指出

昆山的发展现在已经处于一个标杆地位，但是没有停滞不前，还提出这样一些赶超目标，难能可贵。苟日新、日日新，自强不息、止于至善，有这样一种精神，有这样的劲头，我想一定会有一个新的超越。像昆山这样的地方，包括苏州，现代化应该是一个可以去勾画的目标。

习近平总书记 2009 年 4 月在江苏调研时的讲话 |

引 言 I N T R O D U C T I O N

1.背景与意义

党的十九大报告中明确提出："建设教育强国是中华民族伟大复兴的基础工程，必须把教育事业放在优先位置，加快教育现代化，办好人民满意的教育。"

《昆山城市总体规划（2017—2035）》提出"临沪先锋城市、江南宜居花园"的城市发展目标，未来将构建"10分钟美好生活圈"，打造城乡一体、均等覆盖的教育设施体系。

根据2016年昆山市政府印发的《昆山市教育事业发展"十三五"规划》，将力争完成学校建设项目84个，规划预控布点项目62个。昆山市学校正步入快速建设期，为满足素质教育发展的需要，除新建学校外，原有学校也进入改扩建的高潮。

随着昆山市经济快速发展，人民生活水平大幅提高，机动车使用越来越频繁，家长利用私家车接送学生的比例不断增加，上下学时段学校周边道路车辆随意停放、交通秩序混乱和交通拥堵等问题日渐突出。学校交通拥堵和交通安全问题，波及范围逐渐由一个点蔓延至周边区域，对周边交通产生很多负面影响，严重影响学校及周边区域的安全畅通。

从现有昆山学校建设情况来看，学校及周边交通规划设计理念和方法大部分停留在以往传统落后的模式和水平上，较少带着一种长远眼光来设计校园，学校在布局、规模、选址、内外交通组织等诸多方面无法适应城市交通转型发展及素质教育的要求，急需在规划设计这一源头上有所创新。

编制《昆山市学校规划设计导则》，是实现以上发展目标和工作要求的重要途径。该导则不仅可以作为规划师、建筑师、工程师进行方案设计的具体技术指导，还可以作为资源规划、建设、交通、公安、教育、行政审批等行业主管部门进行方案审批的参考标准。

2.转型与创新

随着城市化进程加快，城市更新改造不断推进，城市建设用地日益紧张，学校在选址与布局上受到城市用地的限制，校园用地不足极大限制了教育事业的发展和改革。与此同时，城市人口的增长，对教育设施数量和质量的需求急剧增长，给学校规划与建设发展增添了巨大压力。

在新形势下，加强学校规划设计，是满足人民群众对公共产品和公共服务需求的重要途径。（1）过去学校对布局、规模、选址重视不够，作为住宅区的配套服务设施，被动选择城市边角用地，造成选址不当、规模超标、网点分布不均、长距

离出行较多、交通承载能力不够、人车进出不便等问题，在根源上给学校及周边交通组织带来隐患；（2）过去学校对外部交通与内部交通组织协调重视不够，仅仅关注校门位置、建筑布局、校园内部安全、教职工停车等内容，造成现在校门口人车混行、安全事故频发、家长临时停车位匮乏、接送无序等问题。因此，既有的学校规划设计方法亟须转型与创新。

《导则》结合昆山实际，围绕学校布局规模选址、周边交通设施、内部交通设施三个主要内容，制定了学校规划设计的目标和引导。

3.《导则》的应用

加强学校规划设计是一项从观念到实践的系统性工作。《导则》旨在明确学校布局、规模、选址、交通组织的基本规划设计要求，强调校园内外交通在城市交通中的重要性，形成全社会对学校交通问题的理解与共识，统筹协调各类相关要素，促进相关部门通力合作，对规划、设计、建设与管理人员进行技术指导，推动校园建设良性发展。

读者对象

本导则的读者对象包括所有与学校相关的管理者、设计师、建设者、周边业主和市民。管理者主要包括资源规划、建设、交通、公安、教育、绿化市容、校方管理人员；设计师主要包括城市规划师、建筑设计师、道路工程师、景观设计师等。

适用范围

本导则适用于昆山市幼儿园、小学、初中和高中。其中，新建和需要改扩建的幼儿园、小学为主要应用对象。优化改善现状学校及周边交通运行环境，可参照执行。

应用阶段

安全、优美校园的塑造需要规划、建设与管理全过程的努力，需要城市规划、交通规划、交通管理、道路工程设计、建筑设计及学校安全管理等各个环节的通力合作。其中，学校选址、学校内部交通设施规划与设计阶段是导则应用的主要阶段。

| 昆山高新区南星渎小学

4.主要内容

　　本导则重点对与学生、教师、家长的交通行为活动相关的要素进行设计引导，主要分为布局规模与选址、周边交通设施、内部交通设施三个部分内容。

布局、规模与选址 |

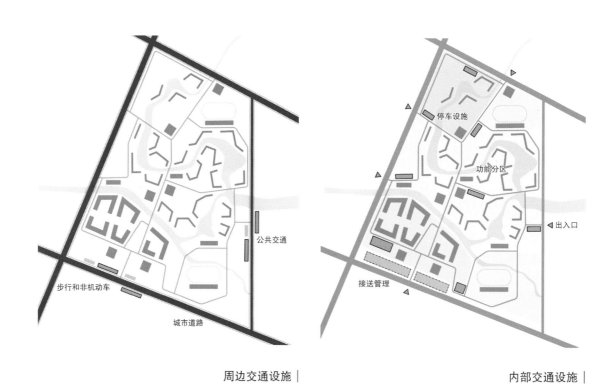

周边交通设施 |　　　　　　　　　　内部交通设施 |

5.目标与原则

安全有序

安全有序主要是指上下学交通组织与接送管理，通过良好的交通规划设计、后期管理和安全教育，打造绿色出行、人车分离、接送有序的学校内外交通出行环境，并最大限度地减少对周边交通的负面影响。

集约节约

集约节约体现功能最大化原则，注重挖掘地面土地资源和地下空间的潜力，合理布局学校内部功能，保证内外交通设施高效便捷与可持续利用，空间组织紧凑合理、高效有序。

优美舒适

优美侧重视觉层面，表现在学校周边街道的景观环境与学校内部的景观风貌上；舒适侧重空间营造，表现在学校周边空间和内部空间的宜人氛围。

智慧共享

随着社会的发展和教育改革的推进，学校与社区之间的关系变得十分密切，鼓励学校文化体育设施适度向社会开放使用，尤其是停车资源，提高车位使用效率，并纳入全市智能停车系统。

6.制定依据

《道路交通标志和标线 第1部分：总则》（GB 5768.1–2009）

《道路交通标志和标线 第2部分：道路交通标志》（GB 5768.2–2009）

《道路交通标志和标线 第3部分：道路交通标线》（GB 5768.3–2009）

《道路交通标志和标线 第5部分：限制速度》（GB 5768.5–2017）

《道路交通标志和标线 第7部分：非机动车和行人》（GB 5768.7–2018）

《道路交通标志和标线 第8部分：学校区域》（GB 5768.8–2018）

《城市道路交通标志和标线设置规范》（GB 51038–2015）

《城市综合交通体系规划标准》（GB/T 51328-2018）

《城市道路交叉口规划规范》（GB 50647-2011）

《城市道路交通设施设计规范》（GB 50688-2011）

《城市道路工程设计规范（2016年版）》（CJJ 37-2012）

《中小学与幼儿园校园周边道路交通设施设置规范》（GA/T 1215-2014）

《车库建筑设计规范》（JGJ 100-2015）

《城市停车规划规范》（GB/T 51149-2016）

《中小学校设计规范》（GB 50099-2011）

《托儿所、幼儿园建筑设计规范》（JGJ 39-2016）

《幼儿园建设标准》（建标175-2016）

《城市居住区规划设计标准》（GB 50180-2018）

《江苏省城市规划管理技术规定（2011年版）》

《江苏省义务教育学校办学标准（试行）》（苏政办发〔2015〕45号）

《苏州市城市道路交通管理设施设置标准（2017）》

《昆山市城市总体规划（2017—2035）》

《关于实施昆山市建筑配建停车设施设置及交通影响评估标准与准则的通知》（昆规〔2011〕88号）

《昆山市教育设施规划（2014—2020）》

《昆山市建设项目交通影响评价编制与管理细则（2020年）》

《昆山市建筑物停车设施配建标准（2020年）》

《昆山市教育事业发展"十三五"规划》（昆政发〔2016〕94号）

《关于进一步规范住宅区配套幼儿园中小学规划建设和管理的意见》（昆政规〔2017〕4号）

术 语 T E R M S

幼儿园

对幼儿进行保育和教育的机构，供3—6周岁的幼儿学习、生活、娱乐使用的场所。

小学

对儿童、少年实施初等教育的场所，共有6个年级，属义务教育。小学生一般是6—12周岁左右。

初级中学（初中）

简称初中，是对青少年实施初级中等教育的场所，共有3个年级，属义务教育。初中生一般是12—15周岁左右。

高级中学（高中）

简称高中，是对青年实施高级中等教育的场所，共有3个年级。高级中学可分为普通高级中学和寄宿制高级中学。高中生一般是15—18周岁左右。

轨制

单个年级平行班级的数量，是教育规划上的度量单位，用于反映学校的规模。如"四轨制小学"就表示该小学中各年级有四个班，"12轨制初中"表示该初中各年级有12个班。

学位数

学校按相关标准，在满足学生发展需要的前提下，所能招收的学生数量。通俗地说，就是学校所能容纳的学生的位置数。

学校周边道路

学校出入口周边不少于150米范围内的道路。

学校周边交通设施

保证学校周边交通安全和畅通的设施，主要包括与城市道路、公共交通、步行和非机动车交通相关的各类设施，如车行设施、人行设施、分隔设施、公共交通设施、停车设施、交通标志和标线等。

城市道路红线

规划城市道路的用地边界线，城市道路的设施均布置在道路红线内，包括机动车道、非机动车道、绿化带、人行道等，道路红线内不允许建任何永久性建筑。

人非共板断面

非机动车和行人共用一个板块的道路，人行道与非机动车道之间无高差、共平面，一般通过铺筑不同色彩路面结构，区分非机动车道和人行通道，需要时可相互借用。

学校定制公交

公交公司根据需求和客流情况设计出的公交线路，通过定制公交服务平台为学生服务，旨在倡导绿色出行、节能减排，减少学生上下学时的小汽车接送比例。

校车

专门运送学生上下学校的中型、大型客车。校车通体黄色、外形厚重，指示灯明显并有黄色的闪光灯和红色的停车（Stop）标志。

学校内部交通设施

保证学校内部交通安全和畅通的设施，主要包括与教职工、学生、家长交通出行相关的各类设施，如学校出入口、内部通道、停车设施、接送管理等设施。学校内部交通设施是直接关系校园整体环境、运行安全、使用便捷的重要因素。

目　录

FOREWORD

INTRODUCTION

TERMS

ACKNOWLEDGEMENT

学校布局、规模
与选址

第1章
学校布局

概念

学校布局是指一个地区的学校设施在地理空间上的分布结构。它直接关系到本地区教育资源的利用效率和教育事业的发展进程，更关系到整个社会的政治、经济、文化发展。

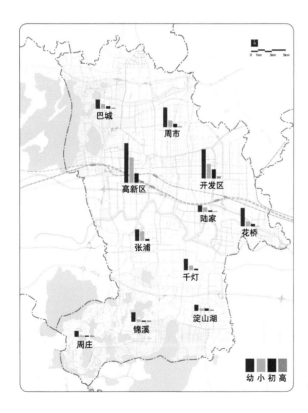

昆山市幼儿园、小学、初中、高中
教育资源布局图

资料来源:《昆山市教育设施专项规划
（2014—2020）》

重要性

　　学校布局优化，是为了使学校更加适应城市发展和教育均衡发展的趋势要求，减少资源浪费，降低区域交通拥堵风险，方便学生、教职工、家长交通出行。

　　由于影响学校布局的社会经济和人口分布等因素不断发展变化，使得学校布局调整具有不可避免性。对教育资源的有效利用、开发和配置，是走向教育均衡发展、实现教育公平性的重要途径之一，优化调整学校布局则是重中之重。

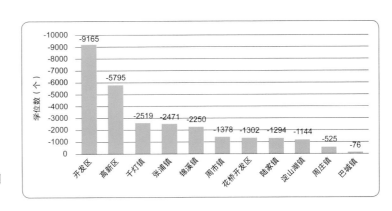

昆山市各区镇幼儿园资源需求
资料来源：《昆山市教育设施专项规划（2014—2020）》

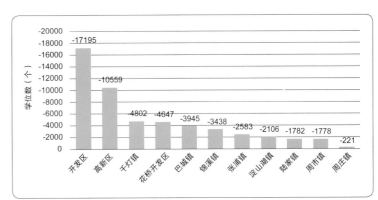

昆山市各区镇小学资源需求
资料来源：《昆山市教育设施专项规划（2014—2020）》

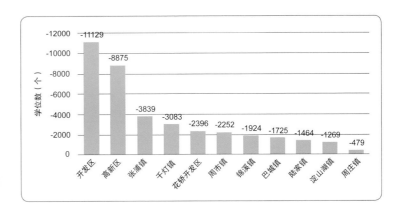

昆山市各区镇中学资源需求
资料来源：《昆山市教育设施专项规划（2014—2020）》

布局原则

城乡协调、均衡发展

学校布局应根据区域人口密度、分布，结合学生来源、交通环境等因素综合考虑各类学校的均衡分布。

> 对基础设施薄弱、办学规模小、生源少、办学效益差的学校，应实行撤并。

> 对布点合理、基础设施好、具有发展潜力、教育质量高、群众反映较好的学校，应扩大办学规模设置分校区，或将其他学校并入其中。

> 应坚持小学均衡布点、就近入学，坚持初中均衡布点和规模办学并重，坚持高中规模办学。

> 根据区域交通承载力，应坚持集散有序的原则，避免将幼儿园、小学、中学资源集中连片布置于同一条道路沿线。

昆山市10分钟美好生活圈示意图

资料来源：《昆山市城市总体规划（2017—2035）》

统一规划，分类统筹

各类教育设施规划，应根据学生特点和管理主体特征，实行分区块、分类别统筹管理。

学校布局应与区域人口分布相匹配，保障较高的覆盖率，以避免造成跨区远距离就学。

昆山市教育设施分类统筹表

学校类型	高中	初中	小学	幼儿园
统筹范围	全市	区镇	区镇	区镇

昆山市普通高中在全市范围统筹
布局规划图

资料来源：《昆山市教育设施专项规划
（2014—2020）》

开发区初中在本区范围内
统筹布局规划图

资料来源:《昆山市教育设施专项
规划（2014—2020）》

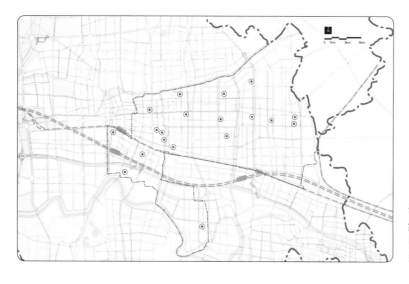

开发区小学在本区范围内
统筹布局规划图

资料来源:《昆山市教育设施专项
规划（2014—2020）》

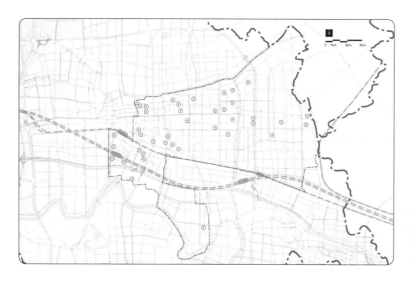

开发区幼儿园在本区范围内
统筹布局规划图

资料来源:《昆山市教育设施专项
规划（2014—2020）》

因地制宜、就近入学

学校布局调整应处理好教育发展速度和社会可承受程度的关系，应以满足义务教育阶段学生就近入学为前提，做到既方便群众，又便于学校管理。

学校布局应以人口分布为基础，优化昆山市学校服务半径。合理的学校服务半径，既可以优化教育资源覆盖率和均衡性，也可以避免不必要的机动车出行，同时方便绿色出行。

昆山市学校服务半径推荐值和最大值建议表

学校类别	推荐值 / 米		最大值 / 米
	中心城区	中心城区以外区镇	
幼儿园	300	500	1000
小学	500	1000	2000
初级中学	1000	2000	3000
高级中学	普通高中在全市范围统筹，暂不考虑服务半径		

注：昆山市中心城区，又称城市集中建设区，是指沪宜高速公路—苏州东绕城高速公路—娄江—昆山西部市界—机场路—昆山东部市界围合范围，面积约 470 平方公里。

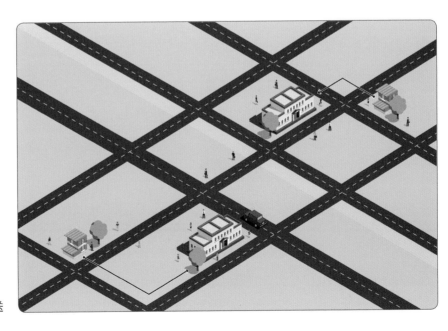

| 就近入学，减少接送

近期与远期相结合

对中小学进行规划调整，不是简单的拆迁、合并和扩建，而是应按部就班、循序渐进，与社会发展需求相结合。

> 对于要拆除的学校，可在近期减少招生指标，与周边学校建立联系，为远期学校的取消减少影响。

> 对于新建学校，选址可与街头闲置边角用地相毗邻，近期可作为学生接送场地，远期可作为学校改扩建场地。

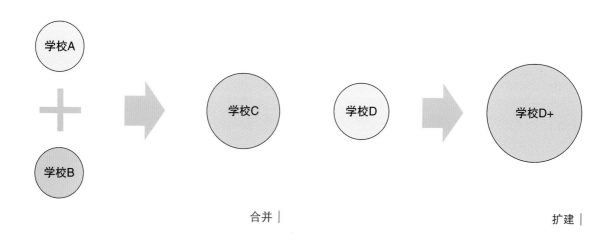

合并 |

扩建 |

昆山市周市中学场地预留示意图（资料来源：昆山市规划一张图）|

学区划分

　　学区是指根据中小学分布情况所划分的教学管理区，目的是便于学生上学和学校业务管理。

　　> 学区作为区域内的教育资源管理手段，应以城市远期规划为基准。一旦划定便不应轻易更改，使其能够长时期适合本地区发展的需要。

　　> 综合分析学生行为、当前学校布局特点、城市道路交通情况及布点标准，应针对中小学、幼儿园划定不同的学区，在不同的学区内布置不同等级的学校。

　　> 学生不宜跨越城市主干道就学，学区划分可利用铁路、公路、快速路、交通性干道、河流等自然屏障划分。

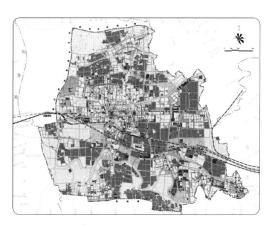

| 学区划分考虑因素

学区服务范围和对象

　　学区是各个中小学所划定的服务范围，也称施教区。服务对象是居住在学区划定范围内的学龄人口。

　　> 学区的服务范围应设定在学生可骑车或步行便捷到达学校的距离内，需要综合考虑各个学校的服务人口规模和服务半径。

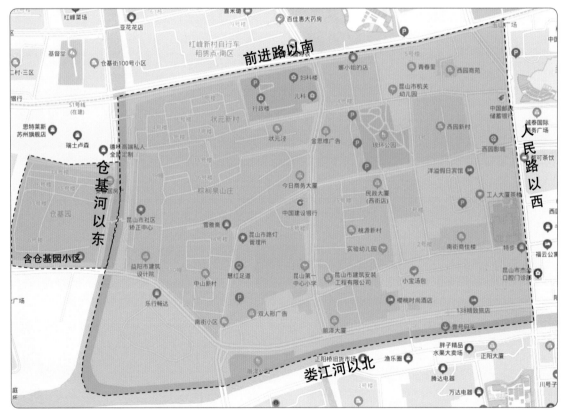

昆山市实验幼儿园学区（资料来源：昆山智慧教育云平台）

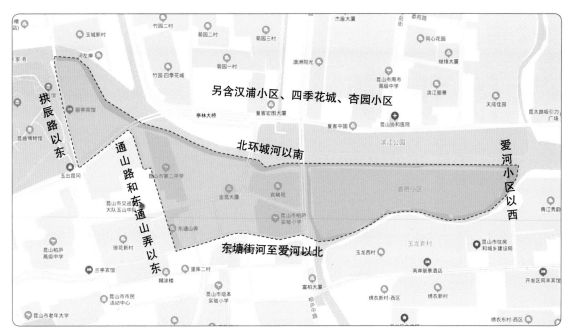

| 昆山市柏庐实验小学学区（资料来源：昆山智慧教育云平台）

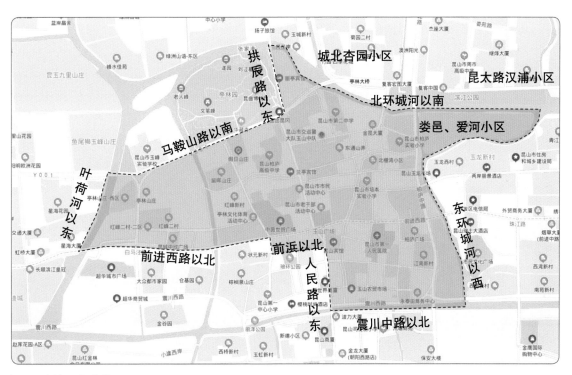

| 昆山市第二中学学区（资料来源：昆山智慧教育云平台）

第2章
学校规模

概念

学校规模是指一个学校的班级数量与学生数量。

> 班级数量，即学校各年级总计的班级数量，学校的班级规模决定学校的用地规模。在每班的学生数和生均用地面积一定的情况下，学校的用地规模与学校的班级规模成正比。

> 学生数量，即学校总的学生数量。学生数量由班级数量和班额决定，班额即每班的学生数量。班额一定的情况下，学生数量等于班级数量与班额的乘积。

学校规模示意图 |

重要性

探究适宜的学校规模，有利于控制学校学生数量的上下限，保障教育设施资源有效利用，减少机动车交通接送学生的数量和比例，保障学校及其周边交通有序运行。

| 交通有序示意图

影响因素

影响学校规模的因素有宏观层面的区域发展情况及人口因素，中观层面的学校服务半径和施教单元划分，微观层面的学校用地规模、班级规模以及学校性质等方面。

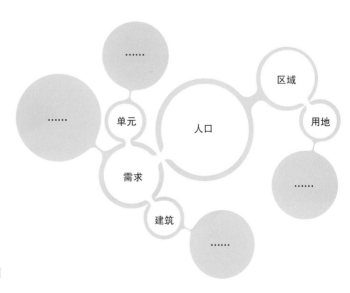

| 影响学校规模因素示意图

办学规模设置原则

合理性原则

　　学校规模调整优化，应根据不同区域发展情况及人口空间分布，坚持合理性原则，尊重学校现状发展情况，因地制宜地进行调整优化。

　　各类学校宜按照适宜轨数控制办学规模，不宜突破上限。如确需突破，应进行可行性专题评估和论证。

昆山市各类学校办学规模控制指标表

学校类别		幼儿园	小学	初中	高中
班级最大人数 / 人		30	45	50	50
办学轨数 / 轨	上下限	3 ~ 5	4 ~ 7	7 ~ 12	12 ~ 20
	适宜轨数	4	6	8	16
适宜学生数量 / 人		360	1620	1200	2400

资料来源:《昆山市教育设施专项规划（2014—2020）》

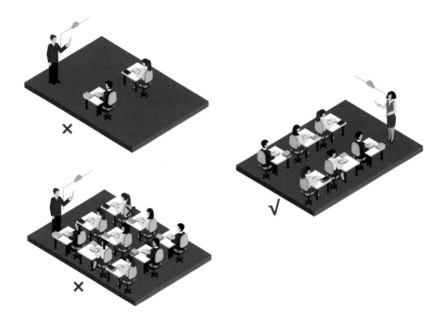

科学控制，规模合理 |

超前性原则

学校的规模设置不仅应解决现实中出现的问题，同时也应合理判断学校未来的需求状况，坚持超前性原则，结合昆山未来人口密度、空间分布、居住用地规划等因素，做到提前部署，避免学校规模出现新的问题。

| 提前部署，超前规划

效益性原则

学校规模的优化调整，应坚持效益性原则，力图使学校教学成本与管理成本均达到最佳规模点，即最佳经济规模。

昆山当前及今后一个时期，教育资源供给将仍较为紧缺，学校规模应以最佳经济规模为原则，建设规模适度成长型学校，充分利用教育资源，既降低教育成本，又可以提升整体教学质量。

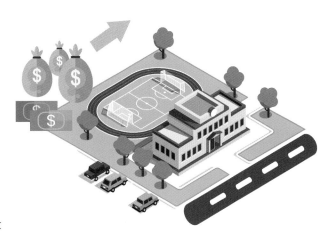

| 控制成本，提升质量

学校用地规模

学校必须设置独立的校园，用地规模应当满足建设必要的教学及附属设施、体育场地、绿化用地的需要。

> 学校用地规模应根据《昆山市教育设施专项规划》要求，结合人口密度、分布，以及城市交通、生态环境等因素考虑。

> 新建学校用地规模，应按照生均上下限控制建设用地供给，上限考虑用地的集约利用，下限应能满足基本的办学需求。

昆山市学校生均建设用地控制指标

学校类别	幼儿园	小学	初中	普高
用地指标 / 平方米	16—20	20—25	25—30	30—35

资料来源：《昆山市教育设施专项规划（2014—2020）》

人口、交通、环境 |

第 3 章
学校选址

概念

学校选址是指在学校建设之前，对具体地点和方位进行论证和决策的过程。

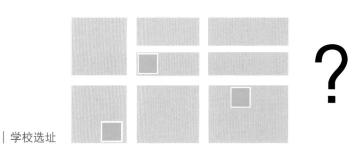

| 学校选址

重要性

学校选址是城市建设和发展中的重点工作之一，其合理性与科学性与否，直接影响后期投用过程中居民生活和城市交通运行水平。

学校选址影响学校及其周边地区在早晚高峰时段的交通运行状况。科学合理的选址不仅能给学校本身带来一个良好的环境，更能避免对周边交通造成巨大压力。

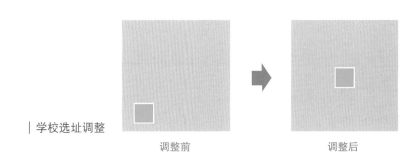

| 学校选址调整

调整前　　　　　　　　　　　　　　　调整后

选址原则

均衡化

教育发展均衡化体现的是一种公平与公正的理念，这不仅是世界教育发展的潮流，而且是教育现代化的核心理念。

学校选址应符合城市总体规划及教育设施专项规划，以方便学生就近入学且适应社会发展实际需要为原则，合理设置并调整学校布点，具有适宜规模和可持续发展空间。

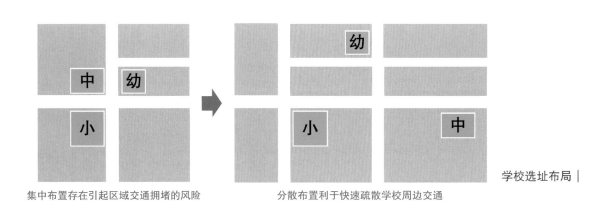

学校选址布局 |

集中布置存在引起区域交通拥堵的风险　　　　分散布置利于快速疏散学校周边交通

交通安全、便捷

学校应远离机场、铁路、高速公路、国省道、城市快速路、主干路、互通立交等过境交通廊道，选择交通区位良好、集散条件优越、周边环境稳静的区域，加强学校与周边道路的衔接。

学校不应与集贸市场、娱乐场所、医院传染病房、太平间、殡仪馆、垃圾中转站及污水处理厂等喧闹杂乱、不利于学生身心健康的场所毗邻，不应与生产经营贮藏有毒危险品、易燃易爆等危及学生安全的场所毗邻。

综合协调

　　学校选址主要影响学区内居民到达的便利程度，故确定位置时应综合分析利弊，合理确定学校的具体位置。

		方案A	
方案序号	学校选址		优缺点
A	■		位于居住区中心，服务半径小，便于周边居民到达，有利于步行、公交等绿色交通出行，但学校教学对居民干扰范围较大。

| 昆山市高科园小学选址与学区（资料来源：昆山市规划一张图）

<table>
<tr><td colspan="3" align="center">方案B</td></tr>
<tr><td align="center">方案序号</td><td align="center">学校选址</td><td align="center">优缺点</td></tr>
<tr><td align="center">B</td><td align="center">▫</td><td>对居民干扰范围小，可以将交通影响置于居住区外围，但增大了学校服务半径，部分学生上下学距离较远。</td></tr>
</table>

昆山市司徒街小学选址与学区（资料来源：昆山市规划一张图）

		方案C	
方案序号	学校选址	优缺点	
C		对居民干扰范围小，可以将交通影响置于居住区外围，但增大了学校服务半径，大部分学生上下学距离较远。	

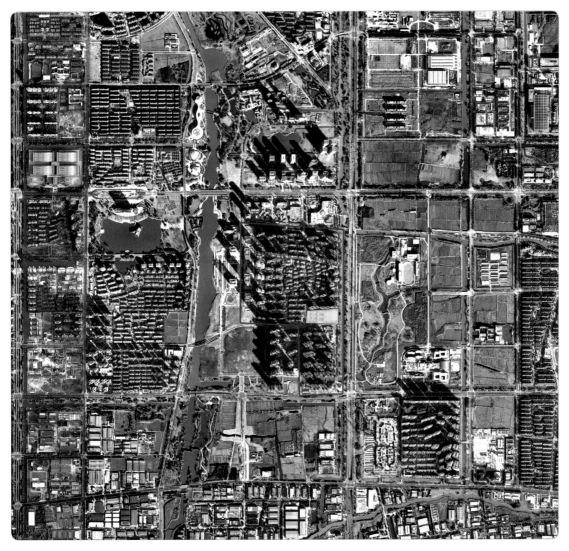

| 昆山开发区世茂小学选址与学区（资料来源：昆山市规划一张图）

环境优良、适宜

学校校址应有良好的自然环境和文化环境。周边环境对学生健康成长非常重要，良好的周边环境是进行良好教育的前提条件。

新建的普通中小学校，校址应选在交通方便、地势平坦开阔、空气清新、阳光充足、排水通畅、环境适宜、公用设施比较完善、远离污染源的地段。

昆山市柏庐实验小学周边环境 |

学校选址时用地形状应完整合理

条件允许情况下，学校用地形状应尽量选择地块边界完整，且使用方便的用地。不宜选择形状狭长，使用不便的用地。

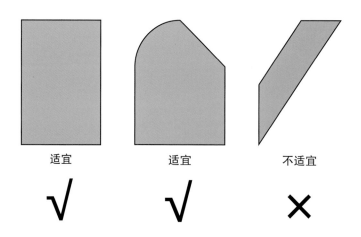

安全卫生防护

部分相关市政设施确需在学校周边敷设时，安全卫生防护距离及防护措施必须符合相关规定。

> 高压电线、长输天然气管道、输油管道严禁穿越或跨越学校校园。

部分相关市政设施的安全卫生防护距离

类别		安全卫生防护距离 / 米
生活垃圾卫生填埋场		2000
火力发电厂、热电厂		800 ~ 1000
堆肥处理工程		500
污水厂、生活垃圾焚烧处理厂		300
垃圾转运站		100
污水泵站、天然气门站、加油站		50
燃气高中压调压站		30
液化石油气供应站		25
户外式变电站	220kv	55
	110kv	30
	66kv	20
	35kv	10

应加强学校周边噪音控制

> 学校主要教学用房设置窗户的外墙与铁路路轨的距离不应小于300米，与高速路、地上轨道交通线或城市主干道的距离不应小于80米。当距离不足时，应采取有效的隔声措施。

> 公路建筑控制区范围，从公路用地外缘起向外的距离标准为：国道不应小于20米，省道不应小于15米，县道不应小于10米，乡道不应小于5米。

> 高速公路建筑控制区范围从公路用地外缘起向外的距离标准不应小于30米，互通立交、特大型桥梁从隔离栅外缘起不应小于50米。

> 学校围墙外25米范围内，已有建筑的噪声级不应超过现行国家标准《民用建筑隔声设计规范》等有关规定的限值。

应加强学校周边文化设施限制

学校门口200米内不得设立经营性网吧、歌舞厅、游戏机房。

第二篇

PART

II

TRANSPORTATION FACILITIES AROUND SCHOOL

学校周边交通设施

第 4 章 城市道路

CHAPTER 4 URBAN ROAD

第 5 章 公共交通

CHAPTER 5 PUBLIC TRANSPORTATION

第 6 章 步行和非机动车交通

CHAPTER 6 PEDESTRIAN AND BICYCLE TRANSPORTATION

第4章

城市道路

概念

城市道路是指通达城市各地区，供城市内交通运输及行人使用，便于居民生活、工作及文化娱乐活动，并与市外道路连接承担着对外交通联系的道路。

城市道路网络是若干条道路（路段和交叉口）组成的网络体系，承载着多种功能。

道路分级

根据道路在道路网中的地位、交通功能以及对沿线的服务功能，分为快速路、主干路、次干路、支路四个等级。

《城市道路交通规划设计规范》（GB 50220-95）提出了不同规模的城市对于路网密度、机动车道数量、道路宽度等技术指标的建议值。按照昆山市城市总体规划，建议采用大城市（大于200万人）道路网规划指标。

类别		城市规模与人口/万人	快速路	主干路	次干路	支路
机动车设计速度 /（km/h）	大城市	> 200	80	60	40	30
		≤ 200	60 ~ 80	40 ~ 60	40	30
	中等城市		—	40	40	30
道路网密度 /（km/km²）	大城市	> 200	0.4 ~ 0.5	0.8 ~ 1.2	1.2 ~ 1.4	3 ~ 4
		≤ 200	0.3 ~ 0.4	0.8 ~ 1.2	1.2 ~ 1.4	3 ~ 4
	中等城市		—	1.0 ~ 1.2	1.2 ~ 1.4	3 ~ 4
道路中机动车道 条数/条	大城市	> 200	6 ~ 8	6 ~ 8	4 ~ 6	3 ~ 4
		≤ 200	4 ~ 6	4 ~ 6	4 ~ 6	2
	中等城市		—	4	2 ~ 4	2
道路宽度/米	大城市	> 200	40 ~ 45	45 ~ 55	40 ~ 50	15 ~ 30
		≤ 200	35 ~ 40	40 ~ 50	30 ~ 45	15 ~ 20
	中等城市		—	35 ~ 45	30 ~ 40	15 ~ 20

大、中城市道路网规划指标表

快速路

快速路为城市中大流量、长距离、快速交通服务，并与其他干路构成系统，且应与城市高速公路有便捷的联系。

> 应当设置中央分隔带。

> 两侧严禁设置学校交通出入口。

> 机动车道不应占道停车，辅道两侧可设置港湾式公交停靠站。

> 可分为高架式、地下式和地面式三种组合形式。

| 昆山市中环快速路

主干路

主干路是城市道路系统的骨架路网，主要用于城市分区之间的联系，承担中远距离的交通出行任务。

> 机动车与非机动车应分道行驶。

> 两侧严禁设置学校交通出入口，并应严格控制路缘石开口。

> 横断面形式应贯彻"机非分流"原则，实现主干路为机动车交通服务的功能。

> 机动车道不应占道停车，两侧应设置港湾式公交停靠站。

昆山市柏庐路 |

次干路

次干路兼有"通"和"达"的功能，以承担城市分区内的集散交通为主。

> 次干路可设置学校交通出入口以及公共服务设施出入口、机动车和非机动车停车位。

> 次干路上应设置大量的公交线路，机动车道两侧可设置港湾式公交停靠站和出租车服务站。

昆山市环北路 |

支路

支路主要承担近距离出行、非机动车出行的任务，还承担着联系集散道路、作为城市用地临街活动面的作用。

> 支路和居住区、工业区、商业区、市政公用设施用地、交通设施用地等内部道路连接。

> 支路应满足公交线路行驶的要求。

| 昆山市柴王弄

学校周边城市道路

学校周边道路，一般等级以次干路、支路为主，既承担着区域整体的路网通行功能，也承担着学生出行、家长接送、公交敷设、临时停车等局部服务功能。

> 学校周边道路应与区域路网整体功能协调。

> 学校周边道路应与内部道路有机衔接。

> 学校周边道路应有利于促进公交优先和慢行友好。

> 学校周边道路应采取稳静化的道路交通组织和管理措施。

> 学校周边道路应保护文化特色和生态环境。

昆山市**博士路**（实验小学西校区周边道路）|

昆山市**翰林路**（张浦中学周边道路）|

小街区密路网

高密度路网具有更高的服务能力和适应性，学校周边可适当调整路网结构和道路密度，形成高密度路网。

通过加密学校周边城市道路网络，形成区域交通微循环，有利于提高路网容量，提高步行和非机动车可达性，设置公交线路，组织单向通行和快速疏散上下学人流和车流。

> 学校周边道路等级不应过高，减少过境交通，降低车速。

> 学校周边道路应以次干路和支路为主，应避免靠近快速路和交通性主干路。

> 严禁大型客车、大型货车在学校周边道路通行，减少事故隐患和噪声影响。

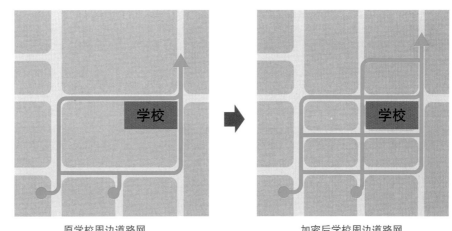

加密学校周边道路网密度

原学校周边道路网　　　　　加密后学校周边道路网

路网连续

> 学校周边路网应提高连通性，保证路网结构的合理性，便于车流合理组织与分配。

> 学校周边应避免出现断头路、瓶颈路，提高路网连通性，提升路网机动灵活性和运行可靠性，保障周边车辆具有良好的集散条件，保证公交车辆通行条件。

> 同一条道路上道路横断面应尽量保持一致，以保障道路空间的连续性与舒适性，避免突然缩窄或展宽。

街景协调

街道空间是指临街建筑或围墙等实体边界之间的空间。

> 学校周边道路应保持空间紧凑，支路的街道空间宜控制在15～25米以内，次干路的街道界面可控制在40米以内。

> 学校周边宜设置商业街道及生活服务街道，预留较宽的退界距离。

> 学校周边道路两侧可设置部分沿街小商业，鼓励书店、小型餐饮、文化等积极业态功能。

> 学校周边可利用建筑前区进行临时性室外商品展示和绿化装饰，设置公共座椅及餐饮设施时，应保障步行通行需求、满足市容环境卫生要求。

> 景观休闲街道应结合绿化，沿线种植整齐、连续的高大乔木，形成富有特色的景观街道，提升环境品质。

> 街道两侧鼓励形成连续的建筑界面，提供积极的底商功能。

昆山开发区实验小学门口的黄河北路 |

路权分明

学校周边道路应遵循慢行优先、公交优先的原则，明确机动车、非机动车、行人的路权，提高道路安全性和使用效率。

> 对于车流量较大的道路，应对机动车道与非机动车道进行物理隔离，明确各自通行空间，避免不同交通之间产生交织。

> 对于主干路及有条件的次干路，宜设置绿化带进行机非隔离。没有空间的次干道可设置护栏隔离。支路应设置机非划线隔离。

> 学校上下学时段，非机动车和行人短时集聚，交通量较大，应避免设置人非共板道路，设置人非共板断面会导致相互侵占路权，影响交通秩序，增加安全隐患。

> 学校周边道路非机动车道与人行道之间可采用高差隔离、设施隔离、材质区分等手段予以隔离。

> 学校周边道路应通过设置警示标识、增加地面标线等方法，完善标志标牌，提醒机动车减速缓行，避免慢行空间被机动车占用，并增加监控设施等对违法车辆予以处罚。

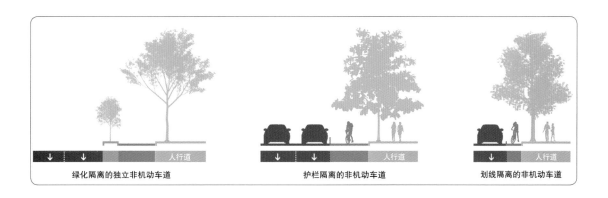

| 绿化隔离的独立非机动车道 | 护栏隔离的非机动车道 | 划线隔离的非机动车道 |

隔离措施

为保证学生出行安全，学校周边道路上各交通方式应根据道路等级、行驶车速的变化设置相应的分隔措施。

> 隔离措施有绿化隔离、护栏隔离、划线隔离3种方式，其隔离效果逐渐变弱，需要的空间逐渐变小。

> 学校周边道路上，机动车道和非机动车道之间主干路宜设置绿化隔离，次干路、支道路至少应设置划线隔离，人行道、非机动车道之间宜采用高差隔离，有条件的可采用绿化隔离。

> 结合人行道设置学校接送区域的，在人行道与非机动车道之间应增加绿化或护栏等隔离设施。

非机动车道绿化隔离（昆山市昆太路）｜

非机动车道护栏隔离（昆山市槐阁南街）｜

非机动车道划线隔离
（昆山市武汉大学路）｜

稳静化措施

交通稳静化是指通过系统的硬设施（如物理措施等）与软设施（如政策、立法、技术标准等），降低机动车对居民生活环境的负效应，改变鲁莽驾驶行为，改善行人及非机动车环境，使道路的各种功能得到协调发展，以期达到交通安全、可居住性、可行走性。

交通宁静化措施按照机动车速度和流量管制特点，共分为12种。速度管制分为基本路段和交叉口速度管制两种，主要是在路面设置路障强制机动车减速，或在道路两侧施加影响迫使机动车谨慎慢行，或利用驾驶员视觉及心理紧张达到减速效果；流量管制多采用路障式，以造成驾驶员行驶不便而减少穿越性交通量。

学校周边道路应采取交通稳静化措施，降低机动车车速，同时保障行人和非机动车的安全。

学校周边道路可采取限速法规、减速丘、立体障碍、人行横道凸起、交叉口凸起等稳静化措施。

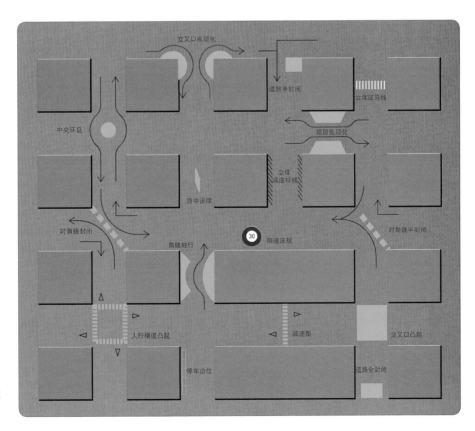

交通稳静化措施
示意图

机动车道缩窄

在城市道路规划和设计中，在保证交通安全、改善交通秩序的前提下，合理缩窄机动车道宽度，可以降低机动车通行速度，增加慢行空间，高效使用道路用地资源。

> 学校周边道路等级较低、大车比例低、车行速度低，可适当缩窄机动车道宽度。

> 结合我国现行规范值，不同车道宽度的实际工程案例、车道宽度的交通流特性，交通安全及驾驶心理因素，本导则推荐在不同道路性质、不同设计速度、不同车速类型情况下，合理缩窄车道宽度。

昆山市学校周边城市道路机动车道缩窄推荐值

道路性质	设计速度	车道类别	合理车道宽度取值 / 米	可调情况 / 米
快速路	80km/h 以上	大型车道	3.75	
		小车专用道	3.5	中间车道（-0.25）
	80km/h（含）以下	大型车道	3.5	用地充足（+0.25）
		小车专用道	3.25、3.5	中间车道（-0.25）
主干路	60km/h（含）以上	大型车道	3.5	
		小车专用道	3.25	中间车道（-0.25）
	60km/h 以下	大型车道	3.25	用地充足（-0.25）
		小车专用道	3.0、3.25	
次干路	—	大型车道	3.25	
	—	小车专用道	3.0	特别困难（-0.20）
交叉口进口道		大型车道	3.0、3.25	
		小车专用道	2.8、3.0	
公交车专用道	—	公交车专用道	3.5、3.75	特别困难（-0.25）

1.混行车道大型车辆比例小于15%，按小车专用道考虑。公交车车种比例30%以上车道，参照公交专用道标。
2.特别困难情况下的取值，应根据具体工程作技术、经济论证。
3.中心城区改建项目宜较低标准；城市外围地区新建项目宜采较高标准。
4.BRT可参考公交专用道，为保证速度，宜选用较高标准。

资料来源：《浙江省城市道路机动车道宽度设计规范》（DB33 1057-2008）

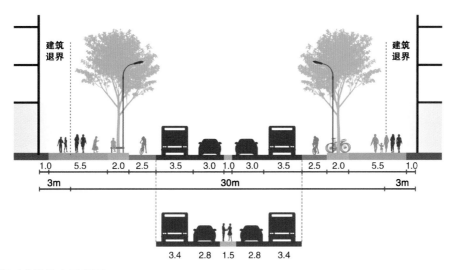

1.0　5.5　2.0　2.5　3.5　3.0 1.0 3.0　3.5　2.5　2.0　5.5　1.0

3m　　　　　　　　30m　　　　　　3m

3.4　2.8　1.5　2.8　3.4

| 机动车道缩窄示意图

交叉口渠化设计

> 学校周边道路交叉口宜增加进口道车道数量，满足左转、直行、右转交通需求，保证交叉口通行能力与路段通行能力相匹配。

> 学校周边道路交叉口，宜通过缩窄绿化带、车行道宽度等手段增加进口车道数量，提高交叉口通行能力。

信号控制交叉口进口道车道数渠化建议值	
路段车道数（单向）	交叉口进口道车道数 / 条
3	4 ~ 5
2	3 ~ 4
1	1 ~ 2

昆山市周市中学周边道路交叉口渠化设计——迎宾路与永共路交叉口

> 学校周边道路，在满足交通功能的前提下，应合理优化道路红线宽度，缩减交叉口转弯半径，提供安全性，节约道路用地。

> 平面交叉口在充分考虑交叉口等级、停车视距、特殊车辆转弯等因素的前提下，应合理选择转角半径取值。

> 缩小道路交叉口转角半径可增加建设用地面积、减少人行过街距离。

交叉口转角红线圆曲线半径优化前后节约用地表

转弯半径 / 米	交叉口转角红线圆曲线半径 / 米									
	R_2	R_1	R_2	R_1	R_2	R_1	R_2	R_1	R_2	R_1
	25	20	25	15	20	15	20	10	15	10
面积差 / 平方米	193		343		150		258		107	

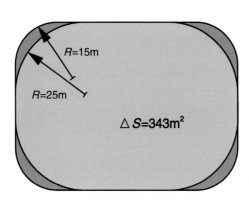

将道路拐弯半径由25米减少为15米，可增加343平方米可建设用地

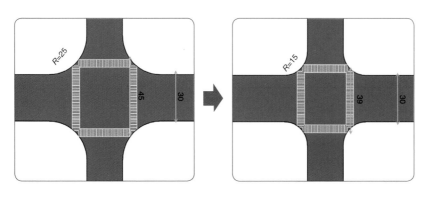

缘石半径由25米调整为15米，人行过街距离减少6米

交通控制

> 学校周边道路交叉口应设置信号灯，同时应优化完善信号相位相序及信号配时，减少交叉口冲突，改善交通秩序。

> 交通信号灯可根据学生交通流情况分时段使用，鼓励增设非机动车及人行过街专用信号，独立分配其通行时间。

> 学校周边道路应保障慢行廊道的优先通行权。慢行廊道（绿道、专用非机动车道等）穿越城市道路交叉口处，应通过地面标识、连续人行道铺装、抬高人行道等标识与街道设计等方式，确保学生的安全通行。

限速管理

> 学校周边路段，应根据道路等级限定行驶速度上限，同时满足《道路交通标志和标线第8部分：学校区域》（GB 5768.8—2018）、《中小学与幼儿园校园周边道路交通设施设置规范》（GA/T 1215—2014）、《苏州市城市道路交通管理设施设置标准2017》等相关设计规范要求。一般不应高于30km/h。

> 在进入和离开学校的周边道路处，应设置限制速度标志及解除限制速度标志或区域限制速度及解除限制速度标志，设置限制速度标志的，应附加"学校区域"辅助标志。

> 为引导驾驶人低速通过学校门口，应设置物理减速设施，可通过设置减速丘、立体斑马线、凸起的人行横道等交通稳静化垂直速度控制设施，配合限速标志降低车辆速度。为减少噪音，不宜使用减速垫。

昆山市玉山中学出入口处减速垫 |

昆山市青阳港实验学校出入口处立体斑马线 |

停车管理

学校周边道路是社会车辆和学校教职工、家长机动车进出的主要通道，不应设置路边长时停车位，根据实际情况可利用周边道路设置临时停车位。

> 学校周边的主干路、次干路应严格管理，禁止车辆长时停放；对于新建学校，学校内部应设置足量的停车位，供家长临时接送停车和教师上下班停车使用，周边的支路不宜设置路边长时停车。

> 对于停车供需矛盾较为突出的已建学校，学校内部难以挖潜增加停车设施空间，可结合周边居住、商业、公园等地块建设超配或共享停车设施，仅在上下学时段供学校使用。

> 在协调非机动车与机动车停放需求时，应优先保障非机动车停放。

禁止车辆临时或长时
停放标志

禁止车辆长时停放
标志

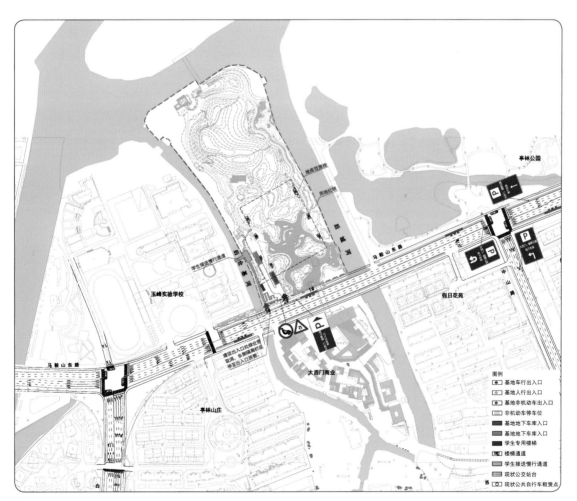

昆山市玉峰实验学校利用留辉公园地下车库接送学生

单行管理

当学校周边道路宽度较窄，路网密度较高时，可组织机动车单向通行，减少快慢交通冲突，保证交通安全。

> 单行道路的进口处设置单向通行的指示标志，道路出口处设置机动车禁止进入的禁令标志。

> 道路交叉口应渠化车道，增加交叉口通行能力，以便快速疏解交通。

> 组织机动车单向通行时，应保证非机动车及人行双向通行空间，并明确路权，保证交通安全。

> 组织机动车单向通行时，应优化调整相应的公交线路和站点布局，减少乘客的步行距离。

> 组织单向通行后，需加大宣传，使居民及驾驶员能够了解单向交通组织的设置，配合单向交通组织的实施。

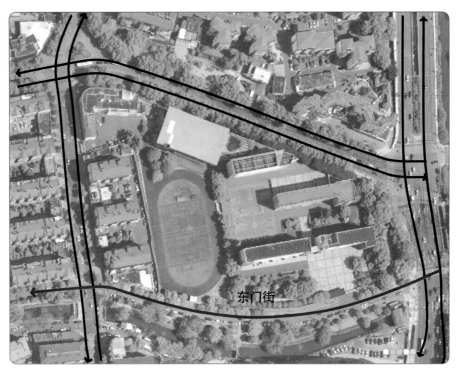

昆山市柏庐实验小学南侧东门街采取由东向西单向通行 |

标志标线

规范设置各类警告、指示标志标线，应符合《苏州市城市道路交通管理设施设置标准2017》的规定。

> 学校周边道路应设置"注意儿童""注意慢行"等警告标识，"人行横道"指示标志等相应设施。

> 学校周边道路应设置"禁止鸣笛"标志，为学校内部创造安静的教学环境。

注意儿童标志　　注意慢行标志　　人行横道标志　　限速30公里　　禁止鸣笛标志　　单行道标志
　　　　　　　　　　　　　　　　　　　　　　　每小时标志

| 学校周边常用标志

监控设施

监控设施系统应覆盖学校周边道路。

> 学校周边道路应安装测速设备。

> 信号控制交叉口及信号控制人行横道处应设置交通违法监测记录设备，有效监督闯红灯、超速等各种违法行为。

> 禁止停车或禁止长时停车的路段宜设置违法停车监测设备。

| 学校周边常用监控设施

第5章

公共交通

概念

城市公共交通是城市中供公众乘用的、经济方便的各种交通方式的总称。

城市公共交通是在城市及其郊区范围内，为方便公众出行，用客运工具进行的旅客运输形式，是城市交通的重要组成部分。

上海轨道交通11号线昆山段花桥站 |

昆山常规公交8路 |

公共交通系统组成

城市公共交通系统一般是由公共汽车、电车、轨道交通、BRT、出租汽车、轮渡等交通方式组成的有机总体，是重要的城市基础设施，是关系国计民生的社会公益事业。

目前，昆山市公共交通系统主要由公共汽车、出租车、上海轨道交通11号线花桥段组成。2023年苏州市域轨道交通1号线建成运营后，城市轨道交通将成为昆山市公共交通系统的重要骨干。

| 昆山纯电动"黑金刚"公交车

公交优先

公共交通优先是指在政策、法规、设施和资金投入等方面对公共交通的优惠。

2012年12月29日，国务院发布了《关于城市优先发展公共交通的指导意见》，要求在规划布局、设施建设、技术装备、运营服务等方面，明确公共交通发展目标，落实保障措施，创新体制机制，加快转变城市交通发展方式，突出城市公共交通的公益属性，将公共交通发展放在城市交通发展的首要位置。

公交优先与学校交通

公共交通具有安全、准时、运量大、绿色环保、占地资源少等优点，能够极大程度缓解学校及周边交通短时集聚、复杂多样、接送比例高带来的交通难题。

昆山市机动车爆发式增长，家长利用私家车接送学生的比例不断增加，上下学时段学校周边道路车辆随意停放、交通秩序混乱和交通拥堵等问题日渐突出。只有在学校及周边公共交通规划和设计工作中更加注重安全性和便捷性，才能吸引越来越多的家长和学生选择公共交通工具出行。

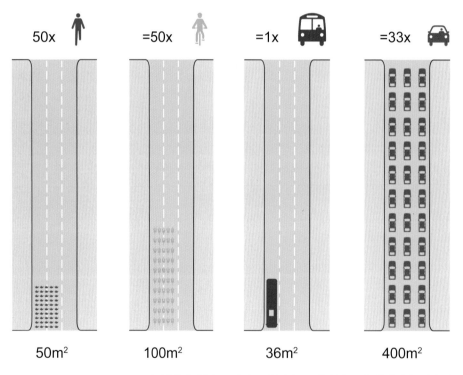

相同载客量（50人）不同交通工具所占用的道路空间对比 |

公交线网覆盖

学校周边应提高公交线网覆盖，提供丰富的出行线路选择。主干路、次干路应设置公交线路，支路视通行条件及客流需求可开设公交微循环线路。

> 服务学校的公交线路应尽量覆盖全部学区。老师、学生及家长步行至公交站点的距离不宜超过300米。

> 提高学校周边公交线路在学区范围内的公交站点密度。以500米半径计，公交站点覆盖率宜达到100%；以300米半径计，公交站点覆盖率不宜低于90%。

> 学校周边设置轨道站点时，公交线路应衔接轨道站点。

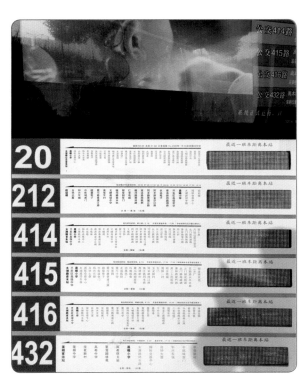

| 昆山开发区晨曦小学周边公交线路

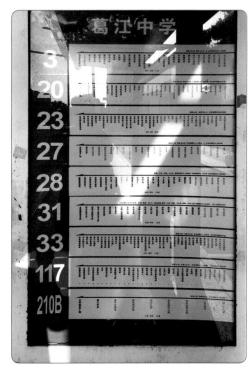

| 昆山市葛江中学周边公交线路

公交线路优化调整

根据学校及周边客流的需求，可适当优化调整公交线路。

> 新开线路：当学校周边公交运力紧张，运力资源明显不足时，应新开线路，新开线路应满足沿线客流的需求，达到线路运能与客运需求相协调的目标。

> 撤销线路：当学校周边道路多条公交线路重叠，在运能充足的情况下，可以考虑撤销部分公交线路，减少公交复线系数。目前昆山学校周边大多公交运能不足，应谨慎使用。

> 缩短线路：当学校周边线路过长，且末端站点客流较小的情况下，可适当缩短其线路长度，并将终点站设置在学校。主要适用于乡镇学校。

> 延长线路：在公交线路不发生重叠的前提下，将距离学校较近的线路延伸至学校处。主要适用于地处乡镇，公交出行不便的学校。

> 调整线路：将途经学校周边但离学校较远的公交线路调整至学校周边道路，并根据实际客流调整公交运营时间及发车班次。适用于非直线系数较大、客流量不足或发车班次较少的公交线路。

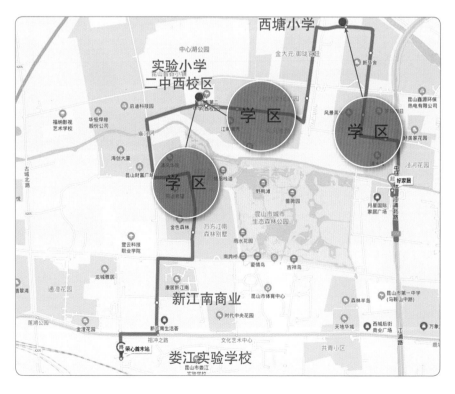

昆山市新辟公交
35路走向图

公交专用道建设

　　公交专用道是专门为公交车设置的独立路权车道，属于城市公共交通系统建设的配套基础设施。公交专用道的主要功能是方便公交车辆应对各种高峰时段和突发状况带来的道路拥堵问题。

　　昆山市目前正大力创建国家公交都市与江苏省公交优先示范市，远期规划建设"1环13横12纵"共286公里的公交专用道网络，新建学校可结合公交专用道规划选址，提升学校周边道路公交服务水平。

| 昆山市昆太路公交专用道

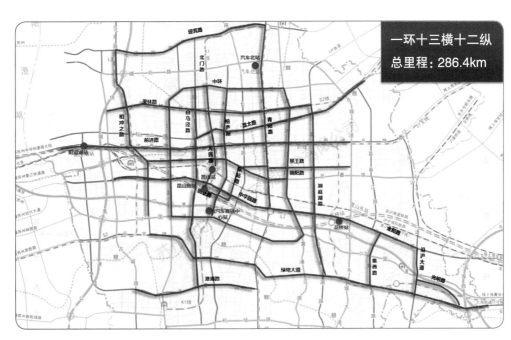

昆山市公交
专用道远期规划
布局图

公交首末站

学校是重要的客流起讫点，上下学时段对公交的需求较大，学校地块内或周边可设置公交首末站，或鼓励学校结合公交首末站、轨道站点规划选址。

> 当学校与公交首末站设置在同一地块内时，首末站车行出入口应远离学校出入口，并在学校与首末站之间设置人行连接通道。

> 学校与公交首末站设置在不同地块内时，学校与首末站之间应设置独立、连续的人行通道，加强相互联系。

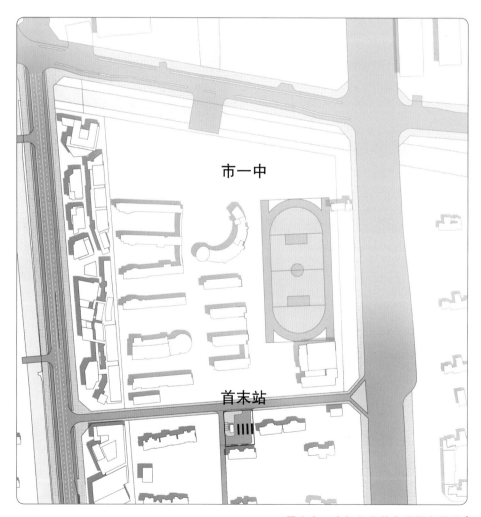

昆山市一中与公交首末站紧密联系 |

公交站台位置

应适当减少公交站台与学校出入口之间的距离，公交站台与学校出入口距离不宜超过100米。

> 公交站台设置在交叉口范围内时，宜设置在交叉口出口道，与交叉口展宽渠化相结合，减少公交车与其他车辆的交织。

> 公交站台设置在路段上时，宜将公交站台设置于学校慢行出入口两侧，呈"尾对尾"布局。

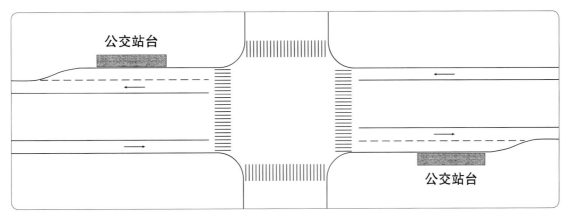

| 学校周边道路交叉口与公交站台位置建议

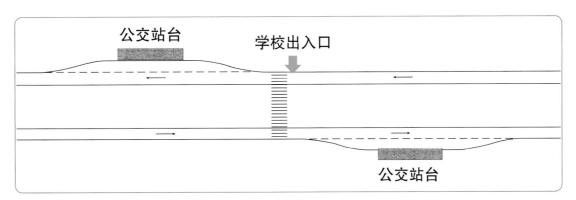

| 学校出入口与公交站台位置建议

公交站台设计

合理选取公交站台形式，优化设计公交站台尺寸，减少公交车辆与慢行交通的冲突。

> 学校周边公交站台宜设置为路侧港湾式公交站，在站台后方设置非机动车道。站台宽度不宜小于2.5米，站台内应设置候车亭。根据公交线路停靠需求，可适当扩大学校周边公交站台的容量。

> 公交站台前方设置非机动车道时，应优化公交停靠停车位的设计，减少临时停靠的公交车对非机动车的影响。

> 学校周边公交站台的无障碍设计应严格执行《无障碍设计规范》中的相关标准，同时针对接送老年人、学校儿童（尤其是幼儿园及小学）的行为特征，加强安全、便捷等方面的设计。

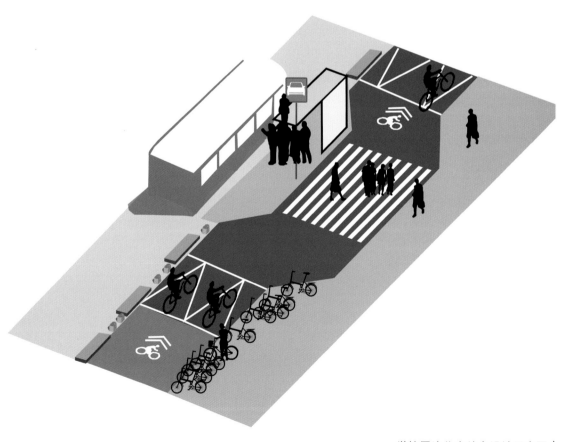

学校周边公交站台设计示意图 |

公交车辆运行

学生上下学时段，可适当提高学校及周边学生班线发车频率，增加公交运能。

>针对不同类别学校，学生班线应采用合适的公交车型，合理配置公交运能。小学学区较小，学生出行集中，宜安排6.5米或8.5米公交车辆；初、高中学区较大，学生出行方向较为分散，可结合学校及周边公交首末站设置公交线路，宜采用8.5米或12米公交车辆。

| 6.5米小公交车

| 8.5米中型公交车

| 12米大型公交车

校车接送

学校可采用校车接送学生上下学，减少家长接送比例。

> 建立健全校车安全管理法律法规体系和安全管理制度，明确校车优先通行权，加强校车监管，保障校车安全，并规定校车须安装卫星定位和限速装置。

> 在学校内部或出入口设置校车临时停靠点，便于学生安全、便捷上下车，同时减少对城市道路的影响和干扰。

> 学校可开通定制公交，充分利用城市公交运力资源。乘客可以通过手机、网站提出自己的需求，公交公司根据需求和客流情况设计出公交线路。

> 学校定制公交车辆一般主要来自城市公交公司，在上下学期间，从已有公交线路中抽调部分车辆用于接送学生上下学。

昆山加拿大国际学校校车 ｜　无锡市融成小学定制公交 ｜

《无锡日报》关于"太湖新城定制公交免费接送学生"的报道 ｜

第6章

步行和非机动车交通

概念

步行交通是指采用人力步行到达目的地的交通方式，非机动车交通是指驾驶自行车、三轮车、电动自行车等非机动车到达目的地的交通方式。

> 根据《中华人民共和国道路交通安全法实施条例》，驾驶自行车、三轮车必须年满12周岁，驾驶电动自行车必须年满16周岁。因此，初中生、高中生骑车上下学，一般不违反法律规定。

> 根据《江苏省道路交通安全条例》，自行车、电动自行车只准搭载一名12周岁以下的人员。搭载学龄前儿童的，应当使用安全座椅。因此，家长骑车接送和搭载幼儿园、小学生，一般不违反法律规定，家长骑车接送和搭载初中生、高中生，违反法律规定。

> 根据《江苏省道路交通安全条例》，12～18周岁的未成年人驾驶自行车和16～18周岁的未成年人驾驶电动自行车，均不得搭载人员。

慢行交通

步行和非机动车交通系统是城市综合交通体系的重要组成部分，两者统称为慢行交通。适用于短距离出行及与公共交通接驳，同时具有休闲、健身功能。

> 步行交通可接受时间为10分钟以内，距离在500米左右。如果作为主要交通方式，则可以延长至15分钟，距离约为1公里。

> 非机动车交通可接受时间为15分钟以内，距离在3~5公里左右（电动自行车时速较快，国标规定不得超过25公里/小时）。如果作为主要交通方式，则可以延长至30分钟，距离为10~15公里。

步行和非机动车交通与学校

学校周边应提供安全、舒适、宜人的步行和非机动车交通出行环境，引导学生由家长接送转向自行上下学。

> 昆山市幼儿园服务半径为300~500米，小学服务半径为500~1000米，宜引导幼儿园、小学生及接送家长采用步行交通出行。

> 昆山市初级中学服务半径为1000~2000米，普通高中大部分为寄宿制学校，宜引导中学生采用步行或非机动车交通出行。

步行上下学 |

步行交通系统

学校周边步行交通系统由步行网络、步行设施及附属设施组成。

> 步行网络由若干条步行路径组成，主要串联居住区、学校、商业街区、商务办公场所、公园绿地广场等公共活动空间。

> 步行设施包括人行道、步行过街设施、立体步行设施。

> 步行附属设施包括遮阳遮雨设施、步行辅助机动设施、标志标线、绿化、照明、安全保护等设施。

人行道网络

学校周边人行道是指城市道路中用路缘石或护栏及其他类似设施进行分隔的，专供行人通行的设施。

> 应充分考虑景观要求及学生、家长和教职工的舒适度，使人能够赏心悦目、心情舒畅地完成出行目的。

> 应连续成网，通过人行横道、人行地道或人行天桥，将学校、居住区、公园等地块紧密联系成一个完整的系统。

> 应保持引导性，强调通过交通标志的设置使学生、家长和教职工能及时获取相应的交通信息，引导他们找到目的地。

> 靠近居住区的幼儿园、小学，可在幼儿园和居住区之间设置人行出入口，上下学期间学生可直接从居住区进出幼儿园，避免绕行。

人行道分类

按照位置与功能不同，可将学校及周边人行道分为城市道路人行道、人行过街横道。

> 道路人行道：为城市道路的组成部分，一般设置在城市道路外侧。

> 人行过街横道：在步行交通穿越城市道路时，通常采用人行横道、人行天桥及人行地道等形式。

昆山开发区晨曦小学周边道路人行道 |

昆山开发区孔巷规划学校周边人行天桥 |

人行道路权

学校周边道路人行道应拥有独立路权，保证学生交通安全。

> 人行道与非机动车道之间应设有隔离设置，主要有物理隔离、高差隔离、材质区分等手段。

> 人行道与非机动车道之间的高差宜在5～20厘米。

> 人行道与非机动车道应采用不同的材质予以区分，人行道应提高防滑要求，保证学生安全。

> 学校周边的人行道和非机动车道，不宜采用人非共板断面。

| 前进中路人非共板（学校周边道路不推荐采用）

| 前进东路人非共板（学校周边道路不推荐采用）

人行道宽度和净空

学校周边道路应合理设置人行道宽度和净空。

> 主干路人行道宽度不宜小于4.5米。

> 次干路人行道宽度不宜小于3.0米。

> 支路人行道宽度不宜小于2.5米。

> 学校周边道路人行道净空应大于2.5米。

人行过街横道

学校周边道路交叉口和学校出入口50米范围内应合理设置过街横道，以平面过街为主，因地制宜可采用立体过街设施。

> 学校周边道路可设置彩色人行横道，引导慢行交通集体过街，提醒机动车减速让行，保障慢行过街安全。

> 为提高学生过街的安全性，同时减少城市道路上的行车延误，位于城市干路上的学校主出入口过街横道可设置触摸式行人信号灯。

> 人行天桥和地下过街通道是过街设施的重要补充，立体过街设施应根据行人流量及道路机动车流量综合考量。

> 人行横道横穿城市快速路或横穿道路的高峰小时人流量超过5000人/时且双向高峰小时交通量大于1200pcu/h时，学校周边道路应设置人行天桥、地道或机动车下穿立交设施。

台州市触摸式行人信号灯 |

> 人行过街横道应设置在学校出入口处人流集中的位置，同时应注意与其他人行过街设施的间距，不宜小于100米，不宜大于200米。

> 天桥或地道等其他人行过街设施的前后100米范围内，不宜设置人行横道。

> 主干路、次干路上公交站台前后30米范围内，不宜设置人行横道。

> 在视距受限制的路段、急弯、陡坡等危险路段和车行道宽度渐变的视距不良路段，不应设置人行横道。

> 人行横道应与学校步行主要流线保持在同一条直线上，保障步行空间的连续畅通，减少绕行。学校出入口处人行横道宽度宜为4～6米。

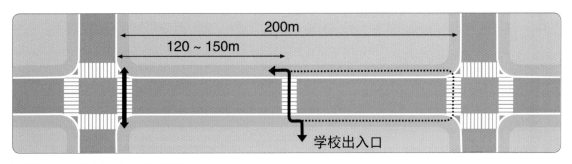

| 学校出入口处人行横道设置间距

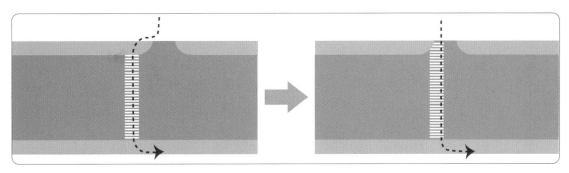

| 步行绕行→实际过街期望线，减少绕行

人行过街安全岛

　　学校周边过街人行横道应合理设置安全岛。受用地条件、地形条件等因素限制，安全岛面积不能满足行人停留需要时，可将安全岛两侧人行横道线错位设置，以扩大安全岛面积。

　　> 信号控制的过街人行横道，当穿越双向机动车道数大于4或人行横道长度大于16米时，应在道路中央设置行人二次过街安全岛。

　　> 行人二次过街安全岛宽度不应小于2米，条件受限时不应小于1.5米，有效通行长度不应小于人行横道宽度。二次过街的人行横道宜采用错位人行横道。

　　> 无信号控制的过街人行横道，当穿越双向机动车数大于2时，宜在道路中央设置行人二次过街安全岛。

　　> 有中央分隔带的道路可结合分隔带设置安全岛。无中央分隔带的道路，可通过压缩机动车道宽度增加安全岛。

　　> 安全岛应设置岛头并延伸至人行横道外，配置路缘石、护柱和绿化，保护在岛上等候的行人并促使转弯车辆减速。

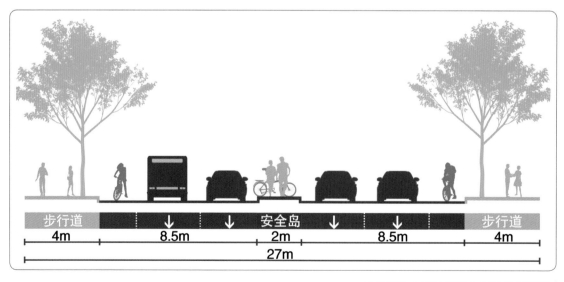

学校周边人行过街安全岛设置示意图 |

信号控制二次过街安全岛与错位人行横道

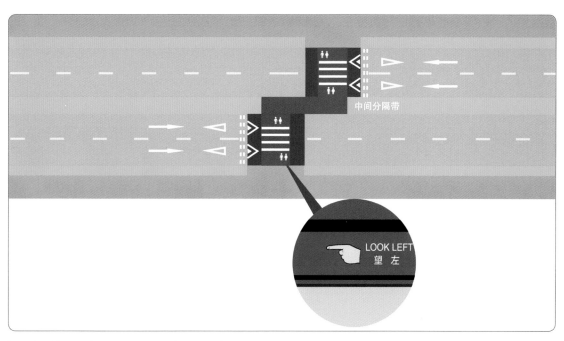

无信号控制二次过街安全岛与错位人行横道

人行横道抬高

在路口保持人行道铺装与标高连续，通过抬高或斜坡形式保持人行顺畅，降低机动车对学校周边环境的负效应，改变鲁莽驾驶行为，改善行人和非机动车环境，使道路的各种功能得到协调发展，达到交通安全、可居住性、可行走性。

> 学校周边车流量较小，以慢行交通为主的支路汇入主、次干路时，交叉口宜采用连续人行道铺装代替人行横道，提醒经过车辆减速缓行。

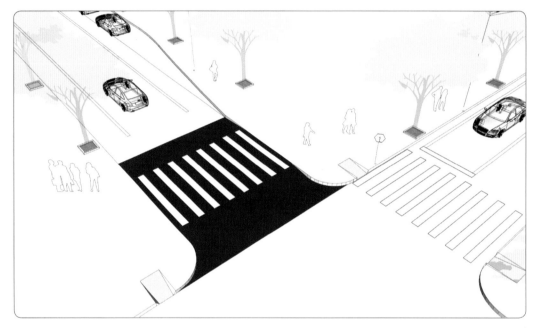

交叉口人行横道抬高 |

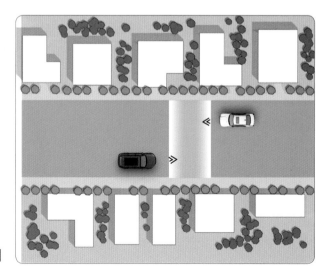

路段人行横道抬高 |

交叉口整体抬高

交叉口抬高是指在交叉口范围内，采用粗糙的路面材料或人行道铺装，使车行路面与路侧人行道的标高一致或接近，以此降低机动车通过交叉口的车速，保障行人安全，增加步行的连续性和舒适性。

> 学校周边车流较少且人流量较大的支路交叉口，宜采用特殊材质或人行道铺装，可将交叉口整体抬高至人行道标高，进一步提高行人过街舒适性。

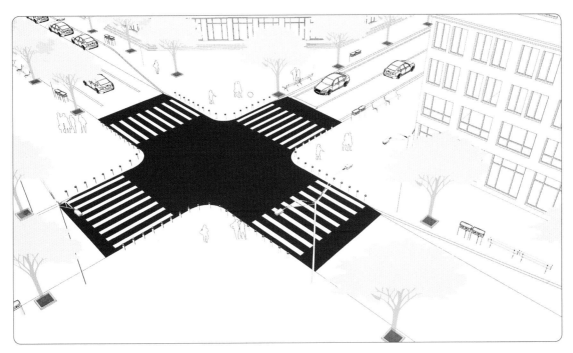

| 交叉口整体抬高

非机动车交通系统

学校周边非机动车交通系统由非机动车交通网络、非机动车设施及附属设施组成。

> 非机动车交通网络由各类非机动车道路构成。

> 非机动车设施包括非机动车道和非机动车停放设施。

> 非机动车附属设施包括非机动车交通标志标线、隔离栏杆、绿化、照明等设施。

非机动车交通网络

学校周边应构建高密度、连续、安全的非机动车道网络，与沿线地块、绿地、交通设施等连通。

综合城市道路内的非机动车道，利用滨水空间、公园绿地等设置的城市绿道组成互相连通的非机动车道网络。

非机动车道分类

按照位置与功能不同，可将学校及周边非机动车道分为非机动车道和非机动车专用路两类。

> 非机动车道指沿城市道路两侧布置的非机动车道。

> 非机动车专用路主要包括公园、广场、景区内的非机动车通道，滨海、滨水、环山非机动车专用通道和非机动车绿道等。

昆山市博士路非机动车道 |

昆山市阳澄湖自行车专用道 |

非机动车道路权

　　学校周边道路非机动车道与人行道之间应采用高差或者物理隔离。学校周边道路不宜设置人非共板道路。

　　> 非机动车、行人流量较大，非机动车道与人行道之间应采用高差、栏杆、材质区分等手段予以隔离。

　　> 学校周边道路车流量大的道路应对机动车与非机动车进行硬质隔离。硬质隔离包括绿化带、简易分车带、栏杆等。具备用地条件的可采用绿化带进行隔离；不具条件的可选用较矮的栏杆或路桩，避免对视觉通透和步行穿越造成障碍。

| 人非高差、材质区分隔离

| 人非高差、栏杆隔离

非机动车道宽度

　　根据非机动车道使用需求及道路空间条件，合理确定非机动车道形式与宽度。学校周边城市道路上的非机动车道的形式包括独立非机动车道、划线非机动车道、混行车道三类。

　　> 独立非机动车道与机动车道之间采用绿化带等硬质隔离，宽度应保证3.5米及以上。

　　> 划线非机动车道通过路面标线划示与机动车道进行隔离，宽度应保证2.5米及以上。

　　> 学校周边不宜设置机非混行的非机动车道。

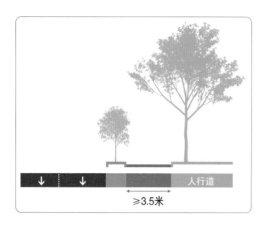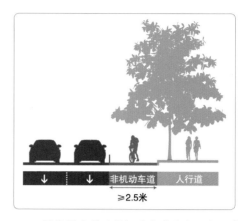

非机动车停靠

> 非机动车停车位不应占用城市道路通行空间。

> 学校老师及学生的停车位应设置在学校内部，家长接送临时停车位应设置在学校围墙外侧，但不应占用城市非机动车及行人通行空间。

昆山市第二中学西校区南侧公共
自行车租赁点

公共自行车租赁点

> 小学周边公共自行车主要供教职工使用。

> 初中及高中周边宜增加公共自行车供应，引导学生使用，减少家长接送的比例。

> 公共自行车租赁点宜结合学校出入口设置，与学校出入口距离不宜超过100米。

遮阳挡雨设施

学校周边道路宜沿路种植行道树，设置建筑挑檐、雨棚，为行人和非机动车遮阳挡雨。

> 人行道、主要的非机动车道沿线上可种植行道树，或利用围墙、骑楼等其他设施提供遮阴。

> 遮阳、遮阴雨篷最低部分至少距离人行道2.5米，不得超出人行道，下方不得设置立柱。

> 雨篷下侧距离人行道净高不宜小于3.5米，出挑高度不得超出人行道。

震川路利用行道树为人行道、非机动车道遮阴

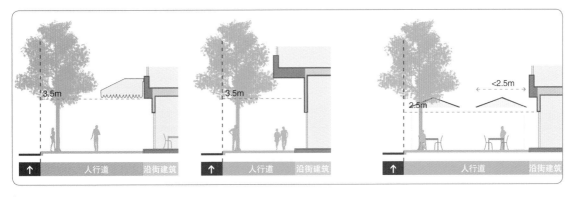

学校周边遮阳挡雨设施

第三篇

PART TRANSPORTATION FACILITIES WITHIN SCHOOL

III 学校内部交通设施

第7章

学校出入口

概念

学校出入口是指位于校门处供学生和教职工出入的场所。一般以"校门"为分隔，它是联系外部城市环境与校园内部环境的纽带和中介空间。

> 学校出入口具有两个本质属性：既联系内外空间，又自身具有空间场所的功能。

> 学校出入口的功能不仅是展示学校风貌、强调学校标识性的空间，也是家长接送孩子的交通集散空间。

昆山市青阳港实验学校主出入口 |

昆山市青阳港实验学校次出入口 |

学校出入口分类

按照通行交通的类别不同，可将学校出入口分为机动车出入口、非机动车出入口、人行出入口、后勤出入口、消防出入口。

> 机动车出入口，是指主要供学校教职工上下班、家长临时接送时驾驶机动车进出的出入口。

> 非机动车出入口，是指主要供学校教职工、学生驾驶非机动车进出的出入口，原则上禁止家长非机动车进出。

> 人行出入口，是指主要供学校教职工、学生步行进出的出入口，门口接送空间不足时可允许家长临时进出。非机动车出入口和人行出入口统称为慢行出入口。

> 后勤出入口，是指主要供学校食堂、小超市等货运车辆进出的出入口，原则上应与学校机动车出入口分离，特殊情况可与机动车出入口合并设置，但进出时间应错开管理。

> 消防出入口，是指供消防车实施营救和学校被困人员疏散的出入口。原则上应单独设置，条件受限时可与机动车出入口合并设置，但须考虑紧急情况下消防车快速通行要求。

> 昆山已建学校中，幼儿园一般设置1—2个出入口，中小学一般设置2—3个出入口。

昆山市第一中学
机动车入口

昆山市第一中学非机动车及人行出入口 |

昆山市北珊湾幼儿园人行出入口 |

昆山市柏庐实验小学消防出入口 |

学校出入口缓冲空间

学校出入口应设置开敞平坦的缓冲广场和遮风避雨设施。

> 学校出入口空间分为内凹型、直线型、骑楼型、引入型四种形式。其中内凹型、引入型适合于接送比例高、家长等候数量多的学校。

> 学校上下学时段机动车、非机动车、行人短时集聚，为改善出入口处交通组织，体现学校人文关怀，缓冲空间可作为家长暂缓停留和遮风避雨的接送空间。

> 学校出入口缓冲空间大小与接送总人数、人均空间需求和休憩设施需求等指标相关，一般取值为0.5～0.7平方米/人。

> 根据学校周边道路交通情况和学校建筑空间的配置标准，学校接送空间主要有三种设置形式：利用学校出入口设置的接送空间、利用学校内部场地设置的接送空间、利用学校地下空间设置的接送空间。

昆山市学校出入口缓冲空间设置类型

类型	图示	特点
内凹型	 学校出入口／城市道路	√出入口留有一定的缓冲空间，既是学生上下学汇集的场所，也是家长接送孩子、接受学校信息的场所。 √适用接送比例较高的学校。
直线型	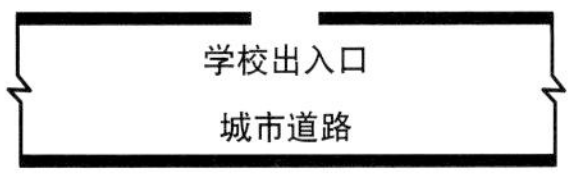 学校出入口／城市道路	√出入口紧临道路，缓冲空间位于学校内部。 √适用于周边用地紧张、规模较小的学校。
骑楼型	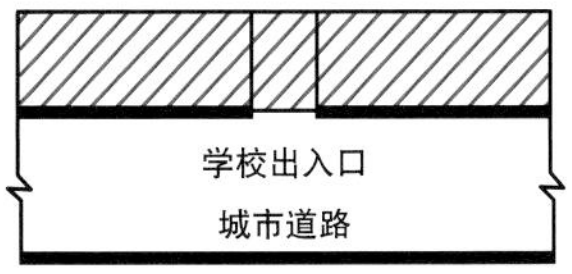 学校出入口／城市道路	√出入口位于建筑物下部，缓冲空间位于建筑进深区，能为家长等待停留提供遮风避雨的场所。 √适用于周边用地紧张、规模较小的学校。
引入型	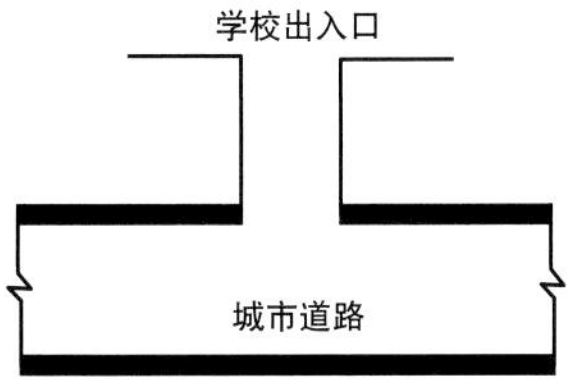 学校出入口／城市道路	√通过景观道把城市道路与学校出入口连接起来，沿路布置景观小品，形成富有特色的缓冲空间。 √适用于用地条件宽裕、规模较大、接送比例较高的学校。

资料来源：西安建筑科技大学邓梦硕士论文《珠三角地区小学入口空间研究及其启示》

利用学校出入口设置接送空间

设置方法

> 在接近校门口附近位置，根据实际空间条件，通过压缩绿化、人行道或者非机动车道的方式，在学校大门口附近划分供接送家长等待休息以及接送车辆临时停靠的区域。

> 缓和段和临近校门口的道路可兼做接送车辆临时的路边停车使用。

> 通过交通标志标线划分或者设置隔离栏等简单的硬质隔离设施，严格区分行人区域和车辆区域。

优点

> 车辆到达停放和驶离较为方便。

> 临时车辆泊位周转率较高。

> 接送空间和临时停车泊位可对社会车辆开放。

缺点

> 溢出的行人或者车辆对主路车辆造成负面效应。

> 接送车辆和人员对主路交通造成较大的干扰。

> 沿路临时停靠泊位对道路行人的步行空间造成侵扰。

适用条件

> 适用于校门口周边可利用空间充足的学校。

> 适用于学校门口离交叉口较远，且正对道路为非城市主干道的学校。

> 适用于周边无较大的交通吸引或发生点的学校。

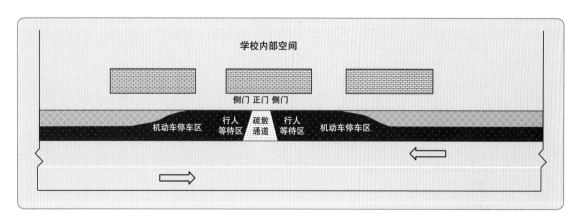

利用学校出入口设置接送空间示意图
资料来源：东南大学史文君硕士论文《基于接送行为的中小学校等待集散空间研究》

利用学校内部场地设置接送空间

设置方法

> 利用现状学校内部闲置的空间、教职工停车场或学校操场等区域临时作接送用途。

> 将行人等待空间和车辆的停靠空间分离，减少两种不同交通群体之间的干扰，提高空间的集散效率。

优点

> 设置位置和空间大小相对灵活，可根据学校实际条件和不同的接送交通需求灵活调整。

> 设置在学校内部对学校周边社会交通和学校教职工及不需要接送的学生的干扰较小。

> 接送出入口可根据实际需要设置，有效地分散交通流。

缺点

> 行人等待区和车辆停车区的出入口需要设置多个开口，对学校周围空间条件要求较高。

> 高峰时间家长和车辆需要进入校内等待，有可能对学校内部学生造成安全隐患。

适用条件

> 适用于校门口空间不足，而内部建筑设施并不密集的学校。

> 适用于临近重要城市道路的改建学校。

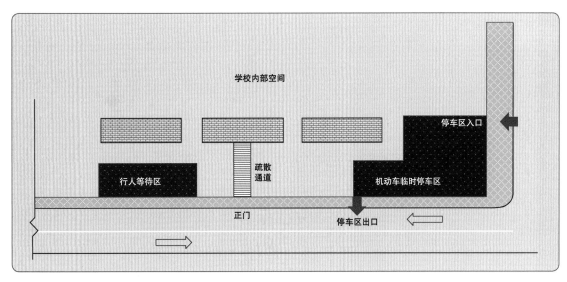

利用学校内部场地设置接送空间示意图
资料来源：东南大学史文君硕士论文《基于接送行为的中小学校等待集散空间研究》

利用学校地下空间设置接送空间

设置方法

> 在建设条件允许或者已有地下空间的情况下可以设置地下专用接送空间。

> 行人及非机动车的出入口要和机动车的出入口区分开，两者保持一定的安全距离以减少相互干扰保证疏散效率。

优点

> 接送交通流的集散与组织过程对地面社会交通的干扰较小。

> 将交通量有效引导到周边道路上，避免接送交通在学校出入口前道路过分集中分布。

缺点

> 地下空间的建设成本较大。

> 接送空间出入口的进出车辆进出会干扰主路交通的通行。

> 专用型的地下接送空间会造成空间资源的极大浪费。

适用条件

> 适用于规模较大、地面空间紧缺的新建学校。

> 适用于本身设有地下职工停车空间的改建学校，可以利用该空间进行接送交通的临时集散。

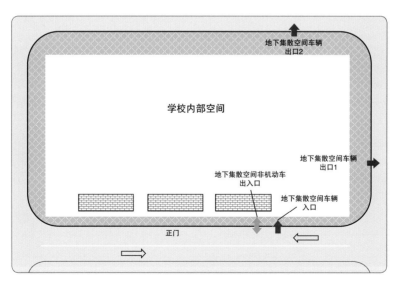

利用学校地下空间设置接送空间示意图

资料来源：东南大学史文君硕士论文《基于接送行为的中小学校等待集散空间研究》

学校出入口接入管理

学校出入口应设置在城市次干路、支路上，最大程度减少学校进出交通对周边地区的影响。

> 学校机动车、后勤出入口，应注重快速进出，减少对周边城市道路干扰。

> 学校非机动车、人行出入口，应注重人车分流，与机动车进出流线分离，同时应考虑有足够的集散缓冲空间。

> 消防出入口，应满足消防车辆通行净空、紧急疏散要求。

> 学校出入口应设置安保岗亭和门禁道闸，且岗亭和闸机距离道路红线距离不应小于12米。

机动车出入口间距标准

学校机动车出入口应设置在相邻道路交叉口展宽渐变段范围以外，减少对交叉口进出口道车辆影响。

> 设置在城市主干路（辅道）上的学校机动车出入口，出入口道路边缘线距离相邻交叉口机动车停止线不应小于100米。

> 设置在城市次干路上的学校机动车出入口，出入口道路边缘线距离相邻交叉口机动车停止线不应小于80米。

> 设置在城市支路上的学校机动车出入口，出入口道路边缘线距离相邻交叉口机动车停止线不应小于50米。

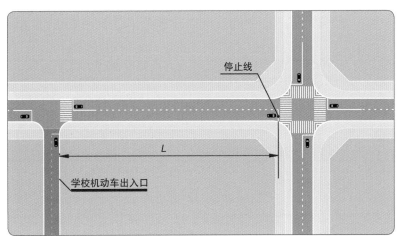

学校机动车出入口与
相邻交叉口间距示意图

出入口所在道路等级	主干路	次干路	支路
距离交叉口间距 / 米	≥ 100	≥ 80	≥ 50

机动车出入口接入管理

学校机动车出入口与相邻地块机动车出入口应保持一定间距，同时采取合适的接入管理方式。

> 与学校机动车出入口同向设置的地块机动车出入口，根据出入口所在道路等级不同，采用的间距标准和接入管理方式均不同。

> 与学校机动车出入口对向设置的地块机动车出入口，根据出入口所在道路等级不同，采用的间距标准和接入管理方式均不同。

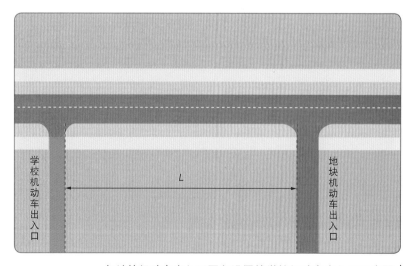

与地块机动车出入口同向设置的学校机动车出入口示意图 |

与地块机动车出入口同向设置的学校机动车出入口间距标准

学校机动车出入口设置建议		允许	限制	禁止
出入口所在道路等级	主干路辅道	$L \geqslant 300$ 米	300 米 > $L \geqslant 100$ 米	$L < 100$ 米
	次干路	$L \geqslant 80$ 米	80 米 > $L \geqslant 60$ 米	$L < 60$ 米
	支路	$L \geqslant 50$ 米	50 米 > $L \geqslant 30$ 米	$L < 30$ 米
学校机动车出入口接入管理方式		全方向 （主干路辅道除外）	定向控制 （定向左转或右转）	合并或封闭

资料来源：长安大学曹荣青硕士论文《城市道路出入口间距确定的理论方法研究》

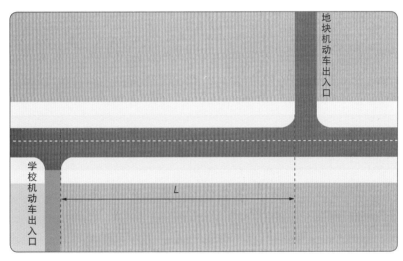

| 与地块机动车出入口对向设置的学校机动车出入口示意图

与地块机动车出入口对向设置的学校机动车出入口间距标准

学校机动车出入口设置建议		允许	限制	禁止
出入口所在道路等级	次干路	$L \geqslant 80$ 米	80 米 > $L \geqslant 50$ 米	50 米 > $L > 0$ 米
	支路	$L \geqslant 50$ 米	50 米 > $L \geqslant 30$ 米	30 米 > $L > 0$ 米
学校机动车出入口接入管理方式		全方位	定向控制 （定向左转或右转）	对齐或封闭

资料来源：长安大学曹荣青硕士论文《城市道路出入口间距确定的理论方法研究》

学校出入口数量

小学、中学（初中、高中）校园主要道路至少应有两个方向与周边道路相连，幼儿园至少应有一个方向与周边道路相连。

> 幼儿园学生年龄3～6岁，自理能力较差，家长接送比例很高。从保护幼儿人身安全角度，幼儿园出入口一般仅允许教职工慢行进出，家长禁止入校。为便于学校高效管理，幼儿园应设置供教职工进出的机动车、非机动车出入口最多1处，供学生、教职工进出的行人出入口1处，有特殊困难的，三者可合并设置，但应做到人车分流。

> 小学生年龄6～12岁，自理能力一般，家长接送比例较高。小学一般仅允许教职工进出，家长可进入学校指定区域接送。为便于学校高效管理，小学应设置供教职工上下班、家长临时接送的机动车、非机动车、人行出入口均不超过2处，有特殊困难的，三者可合并设置，但应做到人车分流。

> 中学生（初中、高中）年龄12～18岁，自理能力较强，家长接送比例较低，寄宿比例较高。中学一般允许教职工、家长进入学校。为便于学校高效管理，中学应设置供教职工上下班、家长临时接送的机动车、非机动车、人行出入口均不超过2处，有特殊困难的，三者可合并设置，但应做到人车分流。

> 学校行人出入口可与其他出入口共用，但应保证人车分流。

> 学校消防出入口可与其他出入口共用，但应保证紧急疏散时出入口畅通。

> 后勤出入口可结合其他出入口设置。

昆山市学校出入口数量设置标准

出入口类别	机动车出入口（个）	非机动车出入口（个）	行人出入口（个）	消防出入口（个）	后勤出入口（个）
幼儿园	≤ 1	≤ 1	1	≤ 1	≤ 1
小学	≤ 2	≤ 2	≤ 2	≤ 1	≤ 1
中学	≤ 2	≤ 2	≤ 2	≤ 1	≤ 1

学校出入口宽度

根据机动车、慢行、消防车、后勤车辆和行人的通行需求和空间组合，从集约用地和安全便捷的角度，科学合理确定学校出入口宽度。

> 机动车道宽度。考虑通行空间和岗亭设置要求，单向机动车出入口宽度应保证4～6米，双向机动车道宽度应保证7～12米。

> 慢行通道宽度。考虑非机动车、行人交通的集聚性和随意性，出入口宽度应不小于4米。

> 消防车道宽度。考虑消防车应急通行需求，出入口宽度应不小于4米。

> 后勤车道通行宽度。考虑物流配送货车通行需求，出入口宽度应不小于4米。

昆山市学校出入口功能组合与宽度设置标准

出入口功能	机动车道宽度		慢行通道	消防车道	后勤车道
	单向	双向	（非机动车、行人）		
宽度	4～6米	7～12米	≥4米	≥4米	≥4米

第8章

功能分区

概念

学校功能布局是指按功能要求将学校内部中各种设施要素进行分区布置，通过内部通道串联，组成一个互相联系、布局合理的有机整体，为学校的各项活动创造良好的环境和条件。一般用总平面图来展现学校功能布局。

> 教学区包括：教学楼、实验楼、图书馆、报告厅等。

> 办公区包括：教职工行政办公楼等。

> 运动区包括：田径场、足球场、篮球场、网球场及其他运动场地。

> 生活区包括：食堂、学生宿舍等。

> 停车区包括：地上或地下机动车停车场、非机动车停车场。

> 绿化区包括：学校内部种植景观绿化的空间，一般利用校内的零散空间设置。

学校总平面

总平面图，简称总平面，是指按一般规定比例绘制，展现整个建筑基地的总体布局，具体表达建筑物、构筑物的位置、朝向以及周围环境（原有建筑、交通道路、绿化、地形等）基本情况的图样。

行政楼、图书室、 教技楼 教学楼 教学楼 食堂 运动场
报告厅

风雨操场

| 昆山市张浦镇南港小学功能布局示意图

> 教学区应临近学校出入口，方便学生进出学校，避免学生长距离穿越校园。

> 办公区应位于各个教学楼几何中心位置，方便教职工往返教室和其他教学场所。

> 运动区应靠近教学区和宿舍区，方便学生课间锻炼和开展业余活动。田径场、操场应临近学校围墙和周边城市道路，为紧急疏散、社区共享体育设施、新建地下停车场预留出入口开设条件。

> 生活区，如食堂、宿舍区，应靠近周边城市道路，便于设置机动车出入口。

> 机动车停车区应在校内集中设置，地面停车区应远离教学区和运动区，可结合运动场或建筑物地下空间设置地下机动车停车场，供教职工和家长临时停车。

> 非机动车停车区应在校内分散设置，应分别临近学校出入口、教学区、办公区、生活区。

内部道路

内部道路是校内交通活动的发生场所，是由连接校园各部分的不同功能等级的所有道路、各种形式的交叉口和广场等以一定方式组成的有机整体。按照道路功能，一般分为机动车通道、慢行通道、混行通道和消防通道。

> 机动车通道：主要供小汽车、后勤车辆等机动车通行，学校内的机动车通道均允许行人通行。

> 慢行通道：主要供非机动车与行人通行，禁止小汽车通行。

> 混行通道：供机动车、非机动车、行人在一个平面上混行的通道。

> 消防通道：紧急情况下供消防车辆通行，日常情况下一般作为学校的慢行通道使用。

人车分流

内部道路设置应坚持"通而不畅"原则，车行道、人行道应分离设置，且车行道与人行道各成系统。

> 学校内部道路应根据用地条件和功能布局，采取合理的布局形式上，如内环式、环通式、半环式、尽端式、混合式等。

> 允许机动车通行的内部道路，应设置在学校机动车出入口与机动车停车区之间，同时应设置在学校外围，避免穿越教学区、运动区等学生集中的区域。

> 允许非机动车通行的内部道路，应设置在学校非机动车出入口与非机动车停车区之间。

> 允许行人通行的内部道路，应坚持人车分离原则。条件受限时，应施划机非分隔标线，明确各自路权。

> 学校主体建筑之间宜设置立体风雨连廊。步行交通具有便捷、准时、健身、环保的优点，学校内部道路应优先考虑步行交通需求，保证学生安全。

| 昆山市培本实验小学风雨连廊

| 昆山开发区高级中学风雨连廊

内部道路宽度

结合通道功能与交通组织方式，合理确定通道宽度。

昆山市学校内部道路宽度设置标准		
类别	组织方式	宽度要求
机动车通道	单向	≥ 4 米
	双向	≥ 6 米
慢行通道	—	≥ 4 米
人行通道	—	2 ~ 4 米
混行通道	机动车单向	≥ 5.5 米
	机动车双向	≥ 10 米
消防通道	—	≥ 4 米

昆山市玉山中学机动车通道 |

昆山市玉峰实验学校慢行通道 |

无车校园

通过优化设计和加强管理，减少利用内部道路设置停车位，减少机动车进入学校内部，实现无车校园。

> 新建学校宜在校外场地或者校内地下空间划定专用的机动车停车区，不宜利用内部道路设置机动车停车位。

> 改建或扩建学校，可沿内部道路设置单侧停车位，不应设置双侧停车位，同时应保证人、车安全通行空间。

| 无车校园标识

> 采取稳静化措施，限制内部道路上机动车行驶速度。学校内部道路上，机动车限制行驶速度一般为5~20公里/时。

> 学校内部道路可采取交叉口抬高、人行横道抬高、立体斑马线、交叉口缩窄、S形道路等稳静化措施和禁止鸣笛等标识标牌，提示减速、避让行人。

| 学校内部限速和禁鸣标志牌

幼儿园功能布局模式

幼儿园接送比例较高，学校出入口应设置足够的行人、非机动车、校车接送空间，学校内部不宜设置家长机动车停车位。

>学校选址：幼儿园占地规模较小，应至少有一面临近道路。

>学校出入口：应位于临近的次干路、支路上，应在相邻居住区围墙设置行人出入口。

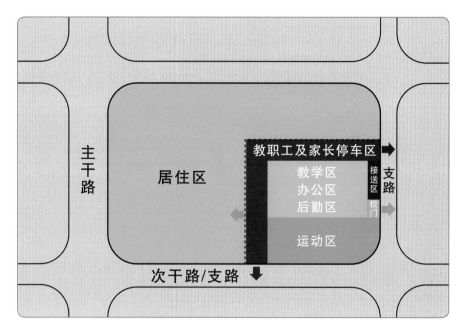

机动车出入口

慢行出入口

昆山市幼儿园功能布局模式 |

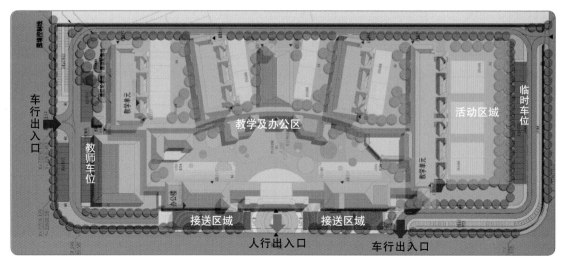

昆山市杨树路幼儿园功能布局规划方案 |

小学功能布局模式

小学接送比例高，学校出入口应设置足够的行人、非机动车、校车接送空间，可在学校内部设置地上或地下家长机动车停车位。

> 学校选址：小学占地规模较大，应至少有两面临近道路。

> 学校出入口：应采用引入型设计，位于临近次干路、支路上，分别设置机动车出入口和慢行出入口，实现快慢分流。

> 功能布局：后勤、食堂区应靠近机动车出入口和周边道路，运动场应靠近周边道路和居住区。

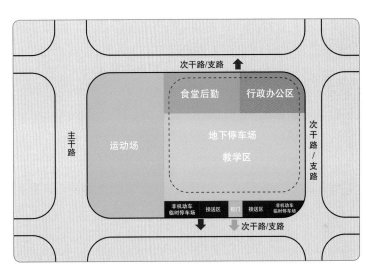

| 昆山市小学功能布局模式一

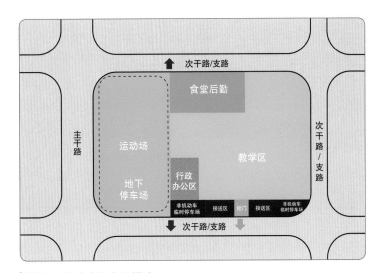

| 昆山市小学功能布局模式二

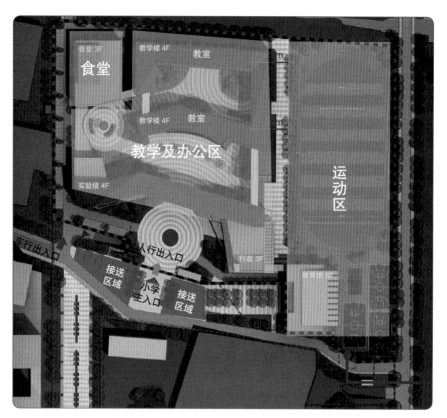

食堂 3F
教学楼 4F
教室
食堂
教学楼 4F
教室
教学及办公区
实验楼 4F
运动区
车行出入口
人行出入口
行政 3F
接送区域
小学主入口
接送区域
体育馆 3F

昆山市城北小学西校区
布局规划方案

食堂 3F
教学楼 4F
教室
教学楼 4F
教室
实验楼 4F
地下停车场
行政 3F
小学主入口

昆山市城北小学西校区
地下停车场规划方案

中学功能布局模式

中学寄宿比例高，机动车接送比例高，学校出入口应设置足够的校车接送空间，可在学校内部设置地面或地下家长机动车停车位和学生非机动车停车位。

> 学校选址：中学占地规模较大，应至少有两面临近道路。

> 学校出入口：应采用引入型设计，位于临近的次干路、支路上，可分别设置机动车出入口和慢行出入口，实现快慢分流。

> 功能布局：后勤、食堂、宿舍区应靠近机动车出入口和周边道路，运动场应靠近周边道路和居住区。

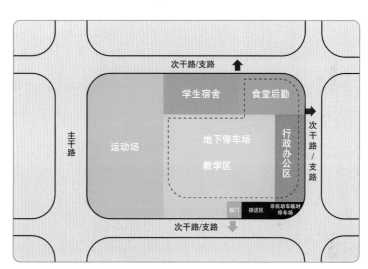

机动车出入口
慢行出入口

| 昆山市中学功能布局模式一

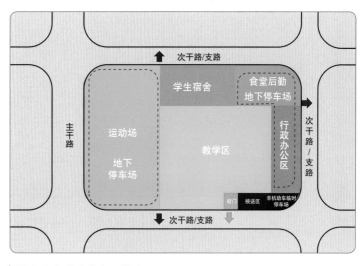

机动车出入口
慢行出入口

| 昆山市中学功能布局模式二

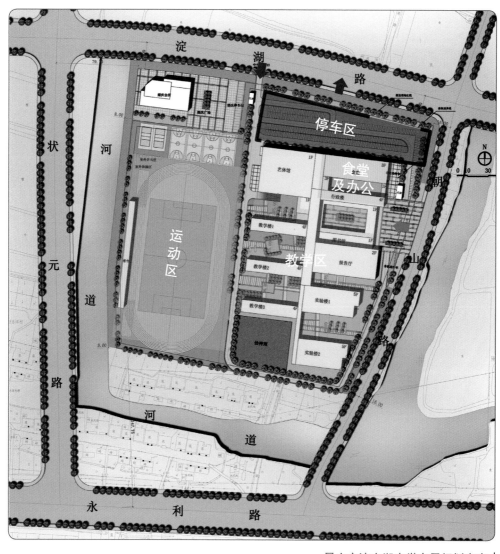

停车区

食堂
及办公

运动区

教学区

昆山市淀山湖中学布局规划方案 |

第9章

停车设施

概念

学校停车设施是指跟学校同步建设的，供教职工车辆停放，以及以学校为目的地的外来车辆停放的设施与场所。

按使用车型划分，可分为小汽车停车场（库）、校车（或大巴）停车场、非机动车停车场（库）。

> 小汽车停车场（库）主要供学校教职工上下班、家长临时接送使用，一般有地面停车设施和地下停车设施两种。

> 校车（或大巴）停车场主要供学校定制公交、校车或大巴停放使用。

> 非机动车停车场（库）主要供校教职工上下班、学生上下学、家长临时接送使用。

昆山市柏庐实验小学教职工停车场

昆山开发区晨曦小学教职工机动车、非机动车停车场

机动车停车场选址

机动车停车场应以方便、经济、安全和有利于节约能源和减少环境污染为原则，结合内外交通组织合理设置。

> 校内地面停车场应远离教学区、运动区等区域，并与学校主体建筑布置在内部道路同一侧，以减少校内人车冲突和噪音、废气等造成的影响。

> 校内地下停车场可布置在运动场地下或主体建筑地下，为方便教职工出行和家长临时接送，宜设置地下通道连接，步行距离不超过300米。

非机动车停车场选址

非机动车停车场应以方便、经济、安全为原则，采取集中与分散相结合的方式合理设置。

> 小学、幼儿园应配建非机动车停车场，主要供教职工上下班和家长临时接送使用。

> 中学应配建非机动车停车场，主要供教职工上下班、学生上下学和家长接送使用。

> 供教职工上下班使用的非机动车停车场，应靠近学校行政办公楼设置。

> 供学生上下学使用的非机动车停车场，应靠近学校出入口或内部教学楼设置。

> 供家长临时接送使用的非机动车停车场，应靠近学校出入口设置。

机动车停车差异化分区

按照学校所处城市区位及周边交通需求不同，制定差异化的停车分区管理策略，实现学校及周边动静态交通运行协调、平衡发展。

> 一类区：停车严控区，包括核心老城区、花桥商务区、千灯古镇、锦溪古镇、周庄古镇。一类区强调更加严格控制停车供应，通过提高停车收费来抑制小汽车的过度使用，引导教师及接送家长绿色出行。

> 二类区：停车中控区，包括城市集中建设区、千灯镇区、锦溪镇区、周庄镇区范围内除一类区以外的其他地区，以及淀山湖镇区、巴城镇区。二类区强调对停车供给适度控制，基本保证教师与接送家长的停车需求，通过提升公交服务、完善慢行网络等手段，提供丰富的出行选择。

> 三类区：停车弱控区，包括市域范围内除去一类区、二类区以外的其他地区。可充分满足教师及家长停车需求，同时提供定制公交等手段，多种交通方式平衡发展。

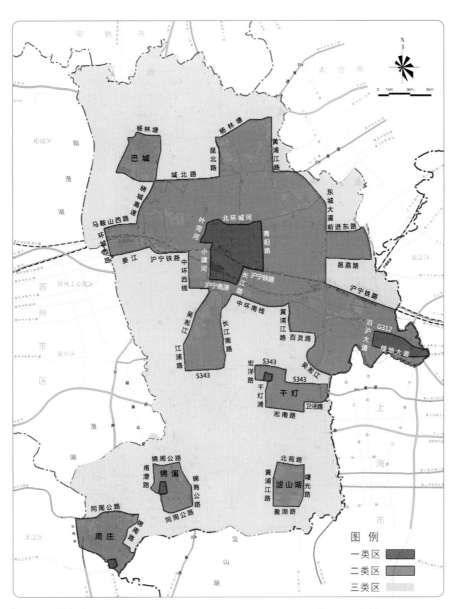

| 昆山市停车分区图　资料来源：《昆山市建筑物停车设施配建标准（2020年）》

幼儿园学生接送特征

根据幼儿园家长接送比例确定接送空间大小，根据家长机动车接送比例确定家长临时停车设施数量，根据幼儿园所处停车分区确定临时停车设施供应策略。

> 幼儿园家长送和接比例均在99%以上，送比例与接比例相同。

> 家长机动车送比例（26.2%）明显高于接比例（19.5%），机动车送、接比约为1.3∶1，这主要是幼儿园学生上学一般随父母上班途中到达，下午放学由祖辈老人通过非机动车和步行在学校出入口候接。

> 从幼儿园所在停车分区来看，一类区机动车接送比例偏高（30.5%），其次为三类区（24.5%），二类区最低（16.0%）。

> 从幼儿园权属来看，私立幼儿园机动车接送比例明显高于公办幼儿园，且私立幼儿园机动车送、接比例接近，送接比约为1.2∶1。

昆山市幼儿园家长接送比例和机动车接送比例（%）

停车分区	幼儿园	送比例	机动车送比例	接比例	机动车接比例
一类区	实验幼儿园	98.5	40.2	99.6	28.6
	红峰幼儿园	100.0	20.0	100.0	14.0
	柏庐幼儿园	100.0	29.6	99.9	20.5
	机关幼儿园	99.8	64.5	98.6	40.3
	西湾幼儿园	98.9	15.5	99.6	10.2
	北珊湾幼儿园	99.0	39.3	97.2	30.9
	司徒街幼儿园	100.0	15.1	99.6	6.1
	西塘幼儿园	100.0	25.1	98.2	16.6
	朝阳幼儿园	99.6	9.0	99.6	3.4
	白塔幼儿园	99.1	12.7	98.7	9.9

停车分区	幼儿园	送比例	机动车送比例	接比例	机动车接比例
一类区	花桥幼儿园	99.1	51.1	98.7	33.3
	水秀幼儿园	100.0	14.9	99.7	11.4
	前进幼儿园	98.2	10.5	99.3	9.0
	珠江街最幼儿园	99.5	23.9	99.5	14.9
	城中幼儿园	100.0	13.3	100.0	9.1
	中华园幼儿园	99.4	16.8	99.7	11.2
	花溪幼儿园	99.3	33.0	99.3	25.4
	聚福幼儿园	99.3	32.9	99.4	22.1
	国际幼儿园（私立）	96.4	70.0	92.4	63.6
	博顿幼儿园（私立）	98.9	32.6	99.5	29.2
	育英幼儿园（私立）	98.3	70.0	96.4	61.5
二类区	宏盛幼儿园	99.6	21.0	98.8	14.5
	金澄幼儿园	99.2	12.6	98.9	10.9
	鑫茂幼儿园	100.0	26.0	99.5	15.3
	翡翠湾幼儿园	100.0	6.1	94.2	6.1
	鑫苑幼儿园	94.7	14.5	98.2	12.9
	周巷幼儿园	99.2	8.1	98.9	7.8
	大公翔艺幼儿园（私立）	99.0	8.9	99.7	7.3
	夏桥幼儿园（私立）	99.6	30.8	99.8	24.6
三类区	锦溪幼儿园	98.8	23.4	99.7	16.9
	南星渎幼儿园	99.4	5.8	99.4	3.2
	千灯美景幼儿园	99.7	22.3	99.7	15.2
	周庄幼儿园	100.0	31.3	100.0	30.3
	巴城幼儿园	99.6	39.9	98.9	30.4

小学生接送特征

根据小学家长接送比例确定接送空间大小，根据家长机动车接送比例确定家长临时停车设施数量，根据小学所处停车分区确定临时停车设施供应策略。

> 小学家长送比例在90%左右，接比例85%左右，送比例一般大于接比例，部分5—6年级学生可就近自行放学回家。

> 家长机动车送比例（31.5%）明显高于接比例（22.2%），机动车送、接比约为1.5∶1，这主要是小学生上学一般随父母上班途中到达，下午放学由祖辈老人通过非机动车和步行候接，或自行放学回家。

> 从小学所在停车分区来看，一类区机动车出行比例较高（33.3%），其次为三类区（31.9%），二类区最低（28.9%）。

昆山市小学家长接送比例和机动车接送比例（%）

停车分区	小学	送比例	机动车送比例	接比例	机动车接比例
一类区	玉峰实验学校	91.1	53.1	91.8	33.9
	柏庐实验小学	94.8	38.5	92.8	22.7
	一中心小学	92.8	28.4	93.2	16.4
	开发区实小	86.8	29.3	85.6	18.0
	中华园小学	91.6	19.5	91.0	11.2
	高科园小学	78.4	14.5	81.9	10.9
	振华实验小学	88.2	37.3	84.8	25.3
	同心小学	92.8	28.9	87.4	20.9

停车分区	小学	送比例	机动车送比例	接比例	机动车接比例
一类区	裕元实验小学	88.1	26.7	87.9	16.1
	春晖小学	98.2	26.1	98.4	18.1
	昆山国际学校	96.2	65.8	98.0	64.6
	晨曦小学	84.7	31.9	82.7	17.3
二类区	碟湖湾小学	95.4	26.9	95.2	17.0
	包桥小学	87.4	25.0	84.8	15.7
	新城域小学	87.7	8.4	87.0	5.7
	世茂小学	80.5	30.4	85.5	20.8
	美陆小学	87.7	22.3	92.3	19.0
	周市中心小学	93.6	42.1	84.6	29.6
	花溪小学	95.2	46.5	96.1	36.2
	张浦中心校	80.1	23.1	79.9	10.6
	前景学校花桥校区	91.6	35.9	91.5	32.8
三类区	淀山湖中心校	79.6	40.2	75.6	31.2
	千灯中心校	92.3	32.0	94.0	21.9
	石牌中心校	78.9	24.7	77.0	17.5
	锦溪中心校	76.5	30.8	79.8	21.2

初中生接送特征

根据初中生家长接送比例确定接送空间大小，根据家长机动车接送比例确定家长临时停车设施数量，根据初中所处停车分区确定临时停车设施供应策略。

> 初中家长送比例在50%左右，接比例40%左右，送比例明显大于接比例，初中生自行放学回家比例明显增加。

> 家长机动车送比例（47.5%）高于接比例（41.2%），机动车送、接比约为1.2：1，这主要是初中学生上下学自主性较强，早上随父母上班途中到达或自行前往，下午自行骑车、乘坐公交回家比例更高。

> 从停车分区来看，二、三类区由于学校服务半径较大，家校距离较远，机动车接送比例较高（51.4%），一类区较低（43.7%）。

昆山市初中家长接送比例和机动车接送比例（%）

停车分区	初中	送比例	机动车送比例	接比例	机动车接比例
一类区	葛江中学	58.2	44.6	40.6	24.3
	玉山中学	56.8	52.7	36.8	41.8
	城北中学	53.5	30.8	36.1	27.2
	张浦中学	23.8	41.2	13.6	34.4
	汉浦中学	64.0	44.2	53.9	34.6
	鹿峰中学（私立）	48.8	48.4	75.8	50.0
二类区	周市中学	40.9	54.8	26.6	53.0
	鑫苑中学	39.1	47.9	34.0	38.2
三类区	费俊龙中学	36.2	54.5	36.7	48.7
	石浦中学	34.8	44.9	24.6	44.1
	周庄中学	44.4	57.0	41.4	55.0
	石牌中学	29.2	49.1	20.1	43.6

高中生接送特征

根据高中生家长接送比例确定接送空间大小，根据家长机动车接送比例确定家长临时停车设施数量，根据高中所处停车分区确定临时停车设施供应策略。

> 高中家长送比例在75%左右，接比例85%左右，送比例一般低于接比例。这主要是由于高中走读生晚自习结束较晚，寄宿生比例较高，大部分家长有条件和强烈意愿在放学时段候接。

> 高中家长机动车接送比例明显高于中小学和幼儿园，机动车送比例（86.3%）与接比例（84.6%）接近，这主要是高中学生上学、放学时段与家长上下班时段或放假时段基本重合，家长接送方便。

昆山市高中家长接送比例和机动车接送比例（%）

停车分区	高中	送比例	机动车送比例	接比例	机动车接比例
一类区	市一中	78.2	86.5	84.1	85.5
	震川高级中学	81.7	89.4	80.0	85.0
二类区	开发区高中	70.9	88.4	59.3	87.0
	陆家高级中学	74.7	80.8	89.6	80.9

昆山市各类学校机动车接送比例（%）

学校	停车分区	机动车送比例	机动车接比例
幼儿园	一类区	30.5	22.4
	二类区	16.0	12.4
	三类区	24.5	19.2
小学	一类区	33.3	23.0
	二类区	28.9	20.8
	三类区	31.9	23.0
初中	一类区	43.7	35.4
	二类区	51.4	45.6
	三类区	51.4	47.9
高中	一类区	88.0	85.3
	二类区	84.6	84.0

停车接送周转率

通过采取分时段上下学，错开家长停车接送时段，提高接送周转率，减少接送停车位需求。

按照年级从低到高，逐渐推迟放学时刻，并向家长实时发送放学信息，提醒家长按时到达，减少停车等待的时间，提高每个车位的停车周转率。

昆山市放学时段停车周转率目标预测

周转率＼类别	幼儿园	小学	初中	高中
周转率现状值	1次/时	2次/时	1次/时	2次/时
放学时段间隔	5分钟	20分钟	20分钟	20分钟
周转率目标值	2次/时	3次/时	3次/时	3次/时

提 示

为减少上下学时期学校内外的交通拥堵，请诸位家长勿提前到达，学校停车场仅提前30分钟对家长开放。

苏州市金阊实验学校通过设置告示牌提示家长按时到达学校

停车配建指标

通过采取停车差异化分区管理、加快停车周转、绿色交通引导等手段，调整昆山市各类学校的停车配建标准。

针对幼儿园、小学、中学学生和家长的不同特点，结合学校所处区位、交通需求、接送比例、停车周转率等实际调查数据，对《昆山市建筑物停车设施配建标准（2015年）》进行修订。

> 家长机动车临时停车配建设施指标相比原标准大幅提高，非机动车停车配建设施指标在不同分区略有增减。

> 教职工机动车停车配建设施指标保持不变，非机动车停车配建指标大幅降低，与当前教职工非机动车出行比例下降有关。

> 学校有50%以上用地面积位于轨道交通站点、大型公交枢纽站、大型公交首末站最近出入口直线距离300米之内，教职工和临时停车泊位数量均可进行折减。一类区按照90%折减，二三类区按照95%折减。

昆山市各类学校停车位配建指标建议

项目		单位	机动车停车配建指标 / 个				非机动车停车配建指标 / 个		
			一类区		二类区	三类区	一类区	二类区	三类区
			强控区	限控区					
幼儿园	教职工停车	百学生	2.5	3	3	3	3.5	3.5	5
	临时停车	百学生	6	7.5	7.5	9	8	8	10
小学	教职工停车	百学生	5	5.5	5.5	5.5	3	3	4
	临时停车	百学生	5	7	7	9	10	10	15
初中	教职工停车	百学生	5	5.5	5.5	5.5	2.0	2	3
	临时停车	百学生	3	5	5	5	10	10	10
高中	教职工停车	百学生	5	5.5	5.5	5.5	2	2	2
	临时停车	百学生	5	7	7	5	3	3	3

学校停车场设计

学校停车场设计应符合《车库建筑设计规范》等相关设计规范以及学校安全管理的有关规定。

> 机动车停车场的服务半径不宜大于500米，非机动车停车场的服务半径不宜大于100米。

> 特大型、大型、中型机动车库宜临近城市道路，不相邻时，应设置通道连接。

> 停车场对外出入口不应直接与城市快速路相连接，且不宜直接与城市主干路相连接。

> 停车场对外主要出入口宽度不应小于4米，并应保证出入口与车库内部通道衔接顺畅。

> 当需在停车场对外出入口办理车辆出入手续时，应设置候车道作为缓冲区，且不应占用城市道路。机动车候车道宽度不应小于4米、长度不应小于10米，非机动车应留有等候空间。

> 停车场对外出入口应具有通视条件，与城市道路连接的出入口地面坡度不宜大于5%。

> 停车场对外出入口处的机动车道路转弯半径不宜小于6米，且应满足基地通行车辆最小转弯半径的要求。

> 停车场与相邻机动车库出入口之间的最小距离不应小于15米，且不应小于两出入口道路转弯半径之和。

> 停车场内单向行驶的机动车道宽度不应小于4米，双向行驶的小型车道不应小于6米，双向行驶的中型车以上车道不应小于7米。

> 停车场内单向行驶的非机动车道宽度不应小于1.5米，双向行驶不应小于3.5米。

机动车库出入口

学校停车场设计应符合《车库建筑设计规范》等相关设计规范以及学校安全管理的有关规定。

> 车库出入口设有道闸时，道闸应设置在车库出入口附近的平坡段上，并应留出方便驾驶员操作的空间。

> 车库出入口宽度，双向行驶时不应小于7米，单向行驶时不应小于4米。

> 车库人员出入口和车辆出入口应分开设置。

> 车库出入口车道数量与车库规模、高峰小时车流量和车辆进出的等候时间相关，应按照车库的停车位总数量合理设置。

| 苏州市实验小学校地库出入口

昆山市学校机动车库出入口和车道数量

规模 停车当量/个 出入口和车道数量/个	特大型	大型		中型		小型	
	>1000	301～500	501～1000	51～100	101～300	< 25	25～50
机动车出入口数量	≥ 3	≥ 2	≥ 2	≥ 1	≥ 2	≥ 1	≥ 1
出入口车道数量	≥ 5	≥ 3	≥ 4	≥ 2	≥ 2	≥ 1	≥ 2

资料来源：《车库建筑设计规范》（JGJ 100-2015）

机动车停车区域设计

学校停车场设计应符合《车库建筑设计规范》等相关设计规范以及学校安全管理的有关规定。

> 停车区域的停车方式应排列紧凑、通道短捷、出入迅速、保证安全和与柱网相协调，并应满足一次进出停车位要求。

> 停车方式可采用平行式、斜列式（倾角30°、45°、60°）、垂直式和混合式。

> 地面机动车停车场标准车停放面积宜采用25～30平方米/个，地下机动车停车库与地上机动车停车楼标准车停放建筑面积宜采用30～40平方米/个。机械式机动车停车库标准车停放建筑面积宜采用15～25平方米/个。

昆山市学校机动车库小型车的最小停车位、通车道宽度

停车方式		垂直通车道方向的最小停车位宽度/米		平行通车道方向的最小停车位宽度 L_t/米	通（停）车道最小宽度 W_d/米
		W_{c1}	W_{c2}		
平行式	后退停车	2.4	2.1	6.0	3.8
斜列式	30° 前进（后退）停车	4.8	3.6	4.8	3.8
	45° 前进（后退）停车	5.5	4.6	3.4	3.8
	60° 前进停车	5.8	5.0	2.8	4.5
	60° 后退停车	5.8	5.0	2.8	4.2
垂直式	前进停车	5.3	5.1	2.4	9.0
	后退停车	5.3	5.1	2.4	5.5

资料来源：《车库建筑设计规范》（JGJ 100-2015）

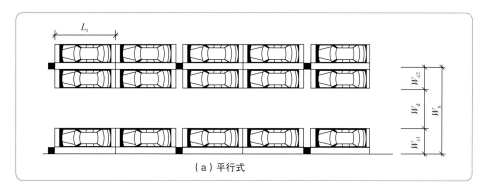

（a）平行式

昆山市学校机动车库停车方式 资料来源:《车库建筑设计规范》（JGJ 100-2015）

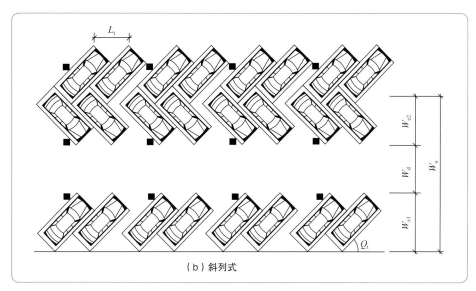

（b）斜列式

昆山市学校机动车库停车方式 资料来源:《车库建筑设计规范》（JGJ 100-2015）

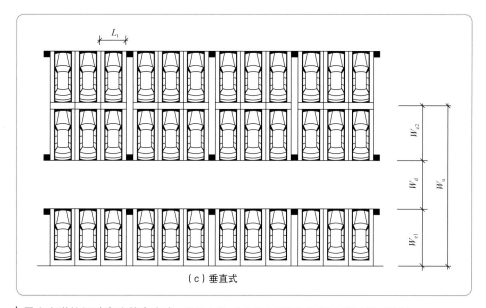

（c）垂直式

昆山市学校机动车库停车方式 资料来源:《车库建筑设计规范》（JGJ 100-2015）

地下接送系统

核心区（中环范围）以内新建学校应利用学校地下空间设置接送空间。核心区（中环范围）以外新建学校可根据实际情况利用学校地下空间设置接送空间。

利用学校田径场或教学楼地下空间，在地下设置接送停车场或家长等待区和临时休息场地，有条件的可设置地下阅览室，将接送家长引导至地下，为家长提供遮风挡雨的设施，减少对学校地面土地资源及学校周边道路设施资源的占用。

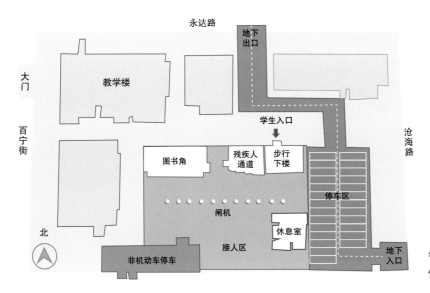

宁波市德培小学地下停车场接送系统

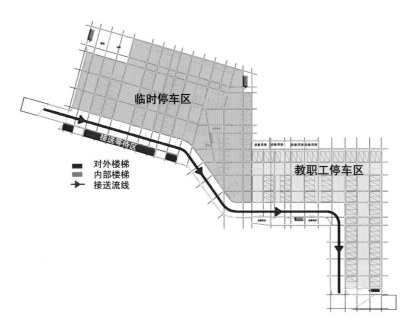

昆山市城北小学西校区地下停车场接送系统规划

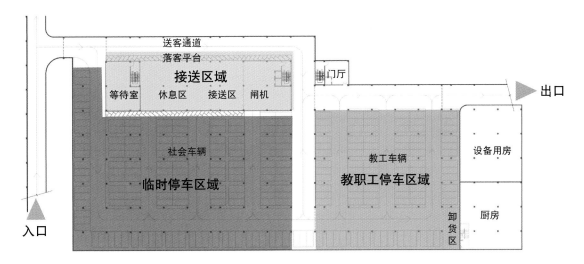

| 昆山市原开放大学地块地下停车场接送系统规划

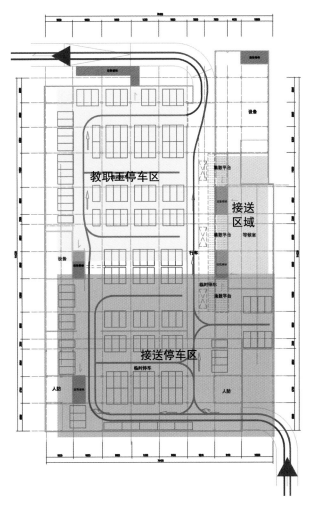

昆山高新区南星渎中学地下停车场
接送系统规划

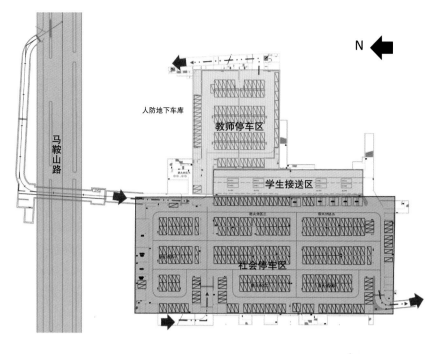

原昆山中学运动场地下停车场接送系统规划 |

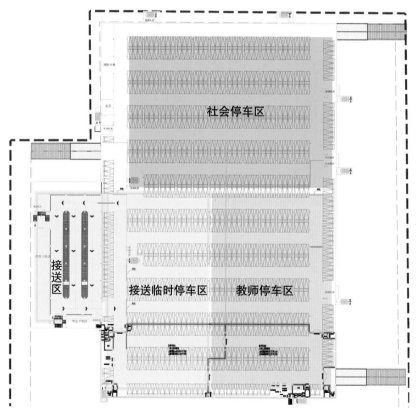

昆山市野马渡中学地下停车场接送系统规划 |

地下接送交通组织原则

家教分区

> 供教职工使用的机动车停车位应独立专用,与供家长接送使用的临时停车位分区管理,保证教职工正常上下班停车需求。

快送慢接

> 早上家长车辆送客时临时停车时间很短(10~20秒),送完之后仍需上班,应设置落客区与车库出入口直接连通,保证送客车辆即停即走、快速进出,便捷直达、避免绕行。

> 下午家长车辆接客会提前到达,临时停靠时间较长(0.5~2小时),应设置临时停车区供接客车辆停放,待学生放学后驶离。

进出分流

> 进入学校接送区与驶离学校接送区的机动车辆可分别选取不同的出入口和路径行驶,简化行驶流线,提高车辆运转效率,减少对学校及周边交通的不利影响。

人梯同侧

> 接送等待区、临时休息场地应与临时落客区设置在同一侧,避免学生下车后横穿车行道发生事故。当接送等待区、临时休息场地设置在地下时,应将其与通往地面主体建筑的楼梯或电梯设置在同一侧。

安全超车

> 临时落客区应至少设置2条车道。一条是临时停靠车道,宽度应不小于3米、停靠带长度应不小于30米,另外一条是超车道,宽度应不小于2.8米,有条件的可增加平行车道数量。

> 超车道应设置在临时停靠带左侧,保证超越车辆、临时停靠车辆和上下车人群的安全。

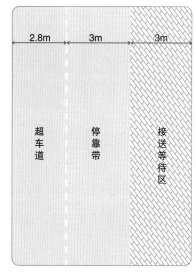

地下车库安全超车设计

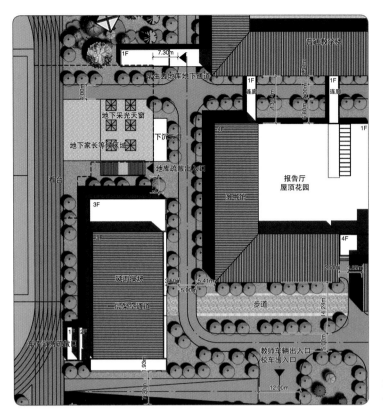

无锡市惠山新城省锡中第二实验小学地下停车场接送系统规划——家长等候区与教学楼、图书馆楼梯在同侧设置

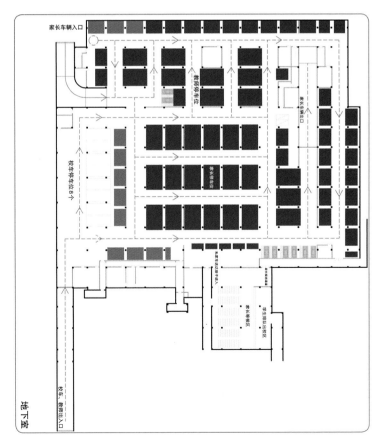

无锡市惠山新城省锡中第二实验小学地下停车场接送系统规划——人梯同侧、安全超车设计图

| 宁波市德培小学地下车库坡道

| 宁波市德培小学地下车库闸机

| 宁波市德培小学老师带队出门

| 宁波市德培小学学生刷卡过闸机

| 宁波市德培小学地下接送区阅览室

| 宁波市德培小学地下接送区休息区

校车停放

> 学校应预留供校车停放、掉头和司机休息的空间。

> 校车停车位可在学校出入口处附近设置，如需在学校内部道路上停靠时，可设置成港湾式停靠站，尺寸与港湾式公交站台一致。

> 校外停车位可结合周边公交站台设置，停车点宜设置成港湾式，尺寸与港湾式公交站台一致，校车停车位尺寸为3.5米×12米，设置垂直停车位时停车通道宽度为12米，设置平行式停车位时可组织单向绕行或设置12米×12米的回车场地。

停车共享

> 鼓励学校停车设施在夜间和节假日向周边居民对外开放。

> 周边居住区与商业地块出现停车位缺口时，鼓励学校停车设施对外开放，仅在夜间与节假日时段开放。

> 建立健全的管理机制，保证校外人员仅在开放时段使用校内停车位，不得影响学校正常工作和教育秩序。

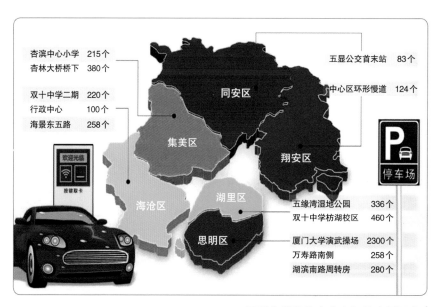

厦门市学校停车共享智慧应用平台 |

非机动停车场

学校非机动车停车场应符合《车库建筑设计规范》等相关设计规范及学校规划和安全管理的有关规定。

> 非机动车停车场宜设置在地面，不宜设置在地下一层及以下。

> 当设置地面非机动车停车场时，应设置遮阳避雨等设施。

> 非机动车停车场出入口宜与机动车停车场出入口分开设置，且出地面处的最小距离不应小于7.5米。

> 自行车和电动自行车停车场出入口净宽不应小于1.8米。

> 非机动车停车场当量数量不大于500辆时，可设置1个出入口。超过500辆时应设2个或以上出入口，且每增加500辆宜增设1个出入口。

| 非机动车停车场

非机动车停车区域设计

学校非机动车停车场应符合《车库建筑设计规范》等相关设计规范及学校规划和安全管理的有关规定。

> 停车区域的停车方式应排列紧凑、通道短捷、出入迅速、保证安全和与柱网相协调，并应满足一次进出停车位要求。

> 停车方式可采用平行式、斜列式（倾角30°、45°、60°）、垂直式和混合式。

> 自行车单个停车位建筑面积宜采用1.5～1.8平方米，电动自行车单个停车位建筑面积宜采用2.0～2.5平方米。

昆山市学校自行车停车位的宽度和通道宽度

停车方式		停车位宽度 / 米		车辆横向间距 / 米	通道宽度 / 米	
		单排停车	双排停车		一侧停车	两侧停车
垂直排列		2.00	3.20	0.60	1.50	2.60
斜排列	60°	1.70	3.00	0.50	1.50	2.60
	45°	1.40	2.40	0.50	1.20	2.00
	30°	1.00	1.80	0.50	1.20	2.00

资料来源：《车库建筑设计规范》（JGJ 100-2015）

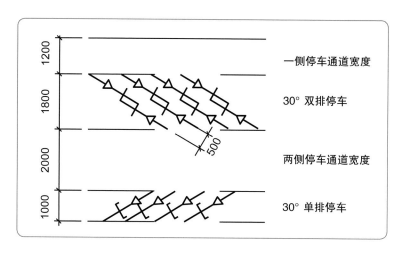

昆山市学校非机动车停车场
停车方式（1）30°
资料来源：《车库建筑设计规范》
（JGJ 100-2015）

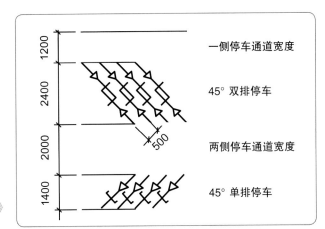

昆山市学校非机动车停车场
停车方式（2）45°
资料来源：《车库建筑设计规范》
（JGJ 100-2015）

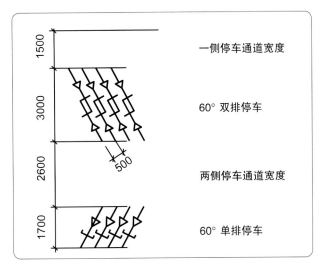

昆山市学校非机动车停车场
停车方式（3）60°
资料来源：《车库建筑设计规范》
（JGJ 100-2015）

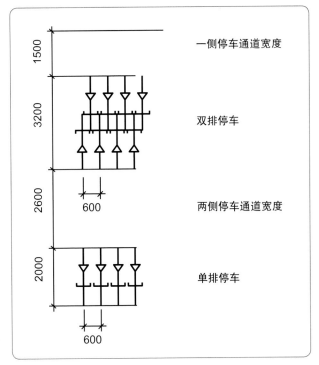

昆山市学校非机动车停车场
停车方式（4）90°
资料来源：《车库建筑设计规范》
（JGJ 100-2015）

第10章

接送管理

概念

学校接送管理是指针对学生家长和运输企业在上下学时段接送学生的行为进行规范管理的过程。

学校接送管理的主要目的是为了加强学校接送工作管理，规范接送服务行为，保障接送交通安全。

接送空间

接送空间是指学校为了满足上下学接送家长临时等待和休息需求的临时交通集散区域。

接送空间作为上下学交通集散的临时使用空间，合理设置有助于减少高峰时刻接送交通对周边道路的干扰，对提高学校周边乃至整个城市路网的通行能力，弱化学校在道路网络中的瓶颈地位等方面都具有重要的作用。

根据家长到达学校交通方式不同，可分为行人接送空间、非机动车接送空间、私家车接送空间。

错时上下学接送

　　通过宣传和引导，可采取分时段错时上下学接送，减少短时集聚人流量、车流量，缓解交通拥堵。

　　> 幼儿园可按小班、中班、大班顺序，依次错开5～10分钟放学，具体视学生规模而定。

　　> 小学可按低年级（1、2年级）、中年级（3、4年级）、高年级（5、6年级）顺序，每个阶段错开10～20分钟放学，具体视学生规模而定。

　　> 初中可按初一（7年级）、初二（8年级）、初三（9年级）顺序，每个阶段错开20分钟放学。寄宿制学校视实际情况而定。

| 昆山市柏庐实验小学分时段放学时刻表

| 昆山开发区晨曦小学分时段放学时刻表

行人接送空间

行人接送空间是指为步行、非机动车、公交、机动车到达学校的接送家长提供的临时休息或停留空间，不包括交通工具的临时停放和贮存空间。

> 行人接送空间一般分布在地上或地下，空间大小与接送总人数、人均空间需求和休憩设施需求等指标相关，人均接送空间一般取值为0.5～0.7平方米／人。

> 通过精细化的地下空间环境设计，打造优美舒适、通风良好、安全便捷的地下行人接送空间。

> 综合采用多种通风系统、洁净空气设备，确保地下空间具有良好空气品质，满足人们身心愉悦的基本需求。

> 综合考虑自然光线和人工照明，克服地下空间昏暗、封闭的感觉，尤其注意出入口光线照明度反差大的现实需求，确保城市地下环境照明度均匀、舒适。

> 将人工环境与自然环境和谐处理，创造学校地下特色空间，增强文化性，突出学校个性化色彩。

> 通过标识系统、建筑装饰、地面信息、立面秩序等建立完整的地下接送管理体系。

地下空间接送示意图 |

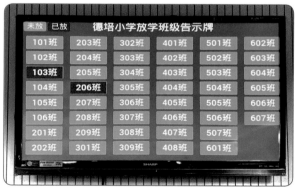

学校放学班级动态显示屏 |

护学岗

护学岗是一种为有效保障中小学生、幼儿交通安全，在接送车辆集中的地点，加强学校周边道路值勤，确保中小学生、幼儿安全上学、高兴返家而设立的岗台。

> 家长护学岗，家长志愿者可在早晚学生上下学的高峰时段，在学校周围协助维持校园周边治安及交通环境等，培育家长共同维护交通秩序和学生安全的责任感。

> 交巡警护学岗，公安民警可在上下学的高峰期间指挥接送车辆在马路两边有序停放，疏导交通，并护送学生安全进出学校。

> 交巡警一般还兼任学校校外法制辅导员，定期对学生开展交通安全宣传教育活动。

| 昆山市柏庐实验小学家长护学岗

| 昆山交警开展"交通安全第一课"

NETWORK QUESTIONNAIRE OF SCHOOL TRAVEL IN KUNSHAN

A

昆山市学校交通出行
调查网络问卷

昆山市学校交通出行调查

为改善昆山市学校周边交通出行环境，减轻上下学时段的交通拥堵，需要了解学生家长和教师的出行规律，昆山市自然资源和规划局特组织开展学校交通出行问卷调查。在此，希望尊敬的您能够客观认真地填写问卷，感谢您的配合。

特别提醒：（1）本调查所指向就读学校必须位于昆山市行政区范围内，外地学校不予考虑。

（2）本次调查问题相互关联，烦请按顺序从前往后，根据系统跳转逐一答题。

1.您是[单选题] [必答题]

□ 家长　　　　　　　□ 教师（请跳至第41题）

2. 您家孩子的年龄段 [单选题] [必答题]

□ 4~7岁　　　　□ 7~13岁　　　　□ 13~16岁

□ 16~19岁　　　□ 19岁以上

3.您家孩子就读的学校属于[单选题][必答题]

□ 幼儿园　　　□ 小学　　　□ 初中　　　□ 高中

□ 职业学校　　□ 高等院校

4.您家孩子就读的学校属于公立学校还是私立学校 [单选题] [必答题]

☐ 公立学校　　　　☐ 私立学校

5.您家孩子就读的学校有校车吗 [单选题] [必答题]

☐ 有　　　　☐ 没有

6.您家孩子到校时间 [单选题] [必答题]

☐ 6:00之前　　　☐ 6:00—6:30　　　☐ 6:31—7:00

☐ 7:01—7:30　　　☐ 7:31—8:00　　　☐ 8:00以后

7.您家孩子离校时间 [单选题] [必答题]

☐ 15:30之前　　　☐ 15:31—16:00　　　☐ 16:01—16:30

☐ 16:31—17:00　　　☐ 17:01—17:30　　　☐ 17:31—18:00

☐ 18:00以后

8.您家孩子上学距离 [单选题] [必答题]

☐ 500米以内　　　☐ 500米~1公里　　　☐ 1~3公里

☐ 3~5公里　　　☐ 5~10公里　　　☐ 10公里以上

9.您家孩子上下学路上花费的时间大约多少 [单选题] [必答题]

☐ 10分钟以内　　　☐ 10~20分钟

☐ 20~30分钟　　　☐ 30分钟以上

10.您家孩子是寄宿还是走读 [单选题] [必答题]

☐ 走读　　　　☐ 寄宿（请跳至第34题）

11.上学时，您家孩子需要送吗 [单选题] [必答题]

　　□ 需要送　　　　□ 不需要送

　　□ 不需送、不需接、自行上下学（请跳至第25题）

12.上学时，您（或者家人）一般使用什么交通工具送孩子上学 [单选题] [必答题]

　　□ 小汽车　　　　□ 公交车（请跳至第17题）

　　□ 电动车 / 摩托车（请跳至第15题）

　　□ 步行（请跳至第17题）

　　□ 其他（请跳至第17题）

13.当您（或者家人）使用小汽车送孩子上学时，在哪里停车 [单选题] [必答题]

　　□ 学校划定的接送停车场（库）

　　□ 借用周边其他停车场（库）

　　□ 路边就近停靠，即停即走

14.当您（或者家人）使用小汽车送孩子上学时，一般停车多久 [单选题] [必答题]

　　□ 2分钟以内　　　□ 2～5分钟

　　□ 5～10分钟　　　□ 10分钟以上

15.当您（或者家人）使用电动车、摩托车送孩子上学时，在哪里停车[单选题][必答题]

　　□ 学校划定的接送停车区域

　　□ 借用周边其他停车场（库）

　　□ 路边就近停靠，即停即走

16.当您（或者家人）使用电动车、摩托车送孩子上学时，一般停车多久 [单选题] [必答题]

　　□ 2分钟以内　　　□ 2～5分钟　　　□ 5～10分钟　　　□ 10分钟以上

17.送完孩子之后，您（或者家人）接下来如何安排行程 [单选题] [必答题]

　　□ 去上班　　　　□ 去购物　　　　□ 直接回家　　　　□ 其他

18.放学时，您家孩子需要接吗 [单选题] [必答题]

　　□ 是　　　　□ 否

19.放学前，您（或者家人）从哪里出发去学校接孩子 [单选题] [必答题]

　　□ 家　　　　□ 工作单位　　　　□ 其他

20.您（或者家人）一般使用什么交通工具接孩子放学 [单选题] [必答题]

　　□ 小汽车　　　　□ 公交车　　　　□ 电动车/摩托车

　　□ 步行　　　　□ 其他

21.当您（或者家人）使用小汽车接孩子放学时，在哪里停车 [单选题] [必答题]

　　□ 学校划定的临时停车场（库）

　　□ 借用周边其他停车场（库）

　　□ 路边就近停靠

22.当您（或者家人）使用自行车、电动车、摩托车接孩子放学时，在哪里停车 [单选题] [必答题]

　　□ 学校划定的接送停车区域

　　□ 借用周边其他停车场（库）

　　□ 路边就近停靠，即停即走

23.接孩子时，您（或者家人）会在什么时候到达学校 [单选题] [必答题]

　　□ 放学后到达

　　□ 按放学时间准时到达

☐ 放学前10分钟到达

☐ 放学前20分钟到达

☐ 放学前30分钟以上到达

24.如果您（或者家人）没有选择公交接送，是什么原因 [单选题] [必答题]

☐ 步行至公交站台距离太远

☐ 公交接送耗时太长

☐ 公交车不够舒适安全

25.如果您家孩子是自行上下学，他（她）主要采用什么交通工具 [单选题] [必答题]

☐ 步行　　　☐ 自行车　　　☐ 电动车

☐ 公交车　　☐ 其他（校车等）

26.您觉得孩子学校周边有哪些交通问题 [多选题] [必答题]

☐ 学校周边交通拥堵严重

☐ 学校周边缺少停车位，只能停在道路上

☐ 学校门前家长接送等待区过于拥挤

☐ 学校周边交通秩序混乱，安全性较差

27.您觉得孩子学校周边交通混乱的主要原因是 [多选题] [必答题]

☐ 小区配套学校建设不足，大量学生长距离出行，集中到一所学校就读

☐ 优质教育资源不均，很多家长舍近求远，增加交通压力

☐ 幼儿园、小学、中学集中设置在一起，交通难题互相叠加

☐ 学校周边交通条件较差，车辆进出困难

☐ 家长接送等待区面积小，占用人行道、车行道等待，进而影响道路交通正常通行

☐ 供家长使用的接送停车场（库）车位设置不足，导致路外停车、路内占道停车现象严重

□ 学校周边随意停车、占道经营、人车混行等行为缺乏管理，交通秩序较差

28. 现在在苏州、杭州、宁波等很多城市，均在学校内部设置了地下停车场供教师和家长停车使用，并在地下集中设置家长接送等待区（早上送到地下接送区去上学，下午在接送区等孩子放学），对此做法，您的态度是 [单选题] [必答题]

□ 只要能把地下环境卫生、学生交通安全等细节做好，地下停车和地下接送孩子都能接受

□ 在地下停车可以接受，接送还是习惯于在地面

□ 地下停车进出麻烦，地下停车和地下接送孩子都不能接受

29. 未来如果开通了小区到学校的定制公交（是指从小区直达学校的公交班车），您会考虑让孩子乘坐定制公交自己上下学吗 [单选题] [必答题]

□ 会　　　　□ 不会

30. 您家孩子上几年级 [填空题] [必答题]

_____

31. 您家孩子在哪所学校上学（为便于统计，请您填写学校的完整名称）[填空题] [必答题]

_____

32. 您家住在（请填写居住小区名称）[填空题] [必答题]

_____

33. 您对孩子学校周边的交通改善有什么建议 [填空题]

_____

34. 您家孩子回校寄宿的时间是 [单选题] [必答题]

☐ 周末白天　　　　☐ 周末晚上　　　　☐ 周一早上

35. 您家孩子放学后离校的时间是 [单选题] [必答题]

☐ 周末放学后立即回家

☐ 周末放学后晚上

☐ 放学后第二天回家

36. 您家孩子上下学寄宿是否需要接送 [单选题] [必答题]

☐ 需要　　　　☐ 不需要

37. 如果需要接送，您（或者家人）一般使用什么交通工具接送孩子 [单选题] [必答题]

☐ 小汽车　　　　☐ 公交车　　　　☐ 电动车/摩托车　　　　☐ 其他

38. 如果不需要接送，您家孩子使用什么交通工具自行上下学 [单选题] [必答题]

☐ 步行　　　　☐ 自行车　　　　☐ 电动车/摩托车

☐ 公交车　　　　☐ 其他（校车等）

39. 您觉得孩子学校周边有哪些交通问题 [多选题] [必答题]

☐ 学校周边交通拥堵严重

☐ 学校周边缺少停车位，只能停在道路上

☐ 学校门前家长接送等待区过于拥挤

☐ 学校周边交通秩序混乱，安全性较差

40. 您觉得孩子学校周边交通混乱的主要原因是 [多选题] [必答题]

☐ 优质教育资源不均，小区配套学校建设不足，大量学生集中到一所学校就读，增加了交通压力

☐ 幼儿园、小学、中学集中设置在一起，交通难题互相叠加

☐ 学校周边交通条件较差，车辆进出困难

☐ 家长接送等待区面积小，占用人行道、车行道等待，进而影响道路交通正常通行

☐ 供家长使用的接送停车场（库）车位设置不足，导致路外停车、路内占道停车现象严重

☐ 学校周边随意停车、占道经营、人车混行等现象缺乏管理，交通秩序较差

41. 您家孩子读几年级 [填空题] [必答题]

_____

42. 您家孩子在哪所学校上学（为便于统计，请您填写学校的完整名称）[填空题] [必答题]

_____

43. 您家住在哪个小区（请填写居住小区名称）[填空题] [必答题]

_____

44.您对孩子学校周边的交通改善有什么建议 [填空题]

_____

45.您上班到校的时间 [单选题] [必答题]

    □ 6:00之前   □ 6:00—6:30   □ 6:31—7:00

    □ 7:01—7:30   □ 7:31—8:00   □ 8:00以后

46.您下班离校的时间 [单选题] [必答题]

    □ 15:30之前   □ 15:31—16:00   □ 16:01—16:30

    □ 16:31—17:00   □ 17:01—17:30   □ 17:31—18:00

    □ 18:00以后

47.您上下班使用什么交通工具 [单选题] [必答题]

    □ 小汽车   □ 公交车   □ 自行车

    □ 电瓶车   □ 步行

48.您上下班的距离（单程）[单选题] [必答题]

    □ 2公里以内   □ 2~5公里

    □ 5~10公里   □ 10公里以上

49.您上下班路上花费的时间大约多少（单程）[单选题] [必答题]

    □ 10分钟以内   □ 10~20分钟

    □ 20~30分钟   □ 30分钟以上

50. 当您使用小汽车上下班时，在哪里停车 [单选题] [必答题]

　　□ 学校划定的教师停车场（库）

　　□ 借用周边其他停车场（库）

　　□ 路边就近停靠

51. 您觉得学校周边有哪些交通问题 [多选题] [必答题]

　　□ 上下学时期，学校周边交通拥堵严重

　　□ 学校周边缺少停车位，只能停在道路上

　　□ 学校门前家长接送等待区过于拥挤

　　□ 学校周边交通秩序混乱，安全性较差

52. 您觉得学校周边交通混乱的主要原因是 [多选题] [必答题]

　　□ 优质教育资源不均，小区配套学校建设不足，大量学生集中到一所学校就读，增
　　　加了交通压力

　　□ 幼儿园、小学、中学集中设置在一起，交通难题互相叠加

　　□ 学校周边交通条件较差，车辆进出困难

　　□ 家长接送等待区面积小，占用人行道、车行道等待，进而影响道路交通正常通行

　　□ 停车场（库）车位设置不足，导致路外停车、路内占道停车现象严重

　　□ 学校周边随意停车、占道经营、人车混行等现象缺乏管理，交通秩序较差

53. 您在哪所学校工作（为便于统计，请您填写学校的完整名称）[填空题] [必答题]

　　　_____

54.您家住在哪个小区（请填写居住小区名称）[填空题] [必答题]

_____

55.您对学校周边的交通改善有什么建议 [填空题]

_____

一、为便于在执行本导则条文时区别对待，对要求严格程度不同的用词说明如下：

　　1. 表示很严格，非这样做不可的用词：

　　正面词采用"必须"；

　　反面词采用"严禁"。

　　2. 表示严格，在正常情况下均应这样做的用词：

　　正面词采用"应"；

　　反面词采用"不应"或"不得"。

　　3. 表示允许稍有选择，在条件许可时首先应这样做的用词：

　　正面词采用"宜"；

　　反面词采用"不宜"。

　　表示有选择，在一定条件下可以这样做的，采用"可"。

二、条文中指定应按其他有关标准、规范执行时，写法为："应符合……的规定"或"应按……执行"。

附录C

APPENDIX REFERENCES

C 参考文献

［1］National Association of City Transportation Officials. Global Street Design Guide［M］. Washington: Island Press, 2016.

［2］布伦丹·格利森，尼尔·西普，格利森，等. 创建儿重友好型城市［M］. 中国建筑工业出版杜，2014.

［3］曹荣青. 城市道路出入口间距确定的理论方法研究［D］. 长安大学，2007.

［4］邓梦. 珠三角地区小学入口空间研究及其启示［D］. 西安建筑科技大学，2013.

［5］韩雪原，陈可石. 儿重友好型城市研究——以美国波特兰珍珠区为例［J］. 城市发展研究，2016，（09）：26-33.

［6］克莱尔·弗里曼，保罗·特伦特. 儿重和他们的城市环境［M］. 东南大学出版杜，2015.

［7］罗瑶. 儿童友好型校区开放空间设计分析——以仰天湖赤岭小学为例［J］. 低碳世界，2017（1）：134-135.

［8］孙杰，李楠. 儿童福利问题研究［J］. 山西青年，2017（21）：201.

［9］上海市规划和国土资源管理局，上海市交通委员会，上海市城市规划设计研究院. 上海市街道设计导则［M］. 上海：同济大学出版社，2017.

［10］史文君. 基于接送行为的中小学校等待集散空间研究［D］. 东南大学，2015.

［11］涂康玮. 儿童友好型城市公共空间研究［J］. 山西建筑，2016（20）：10-12.

［12］王锦. 浅析儿童友好型开放空间［J］. 城市建设理论研究（电子版），2014（16）：684-685.

［13］徐南. 住区儿重友好型开放空间及其评价体系研究［D］. 浙江大学，2013.

［14］张谊. 国外城市儿重户外公共活动空间需本研究述评［J］. 国际城市规划，2011，（04）：47-55.

致 谢 ACKNOWLEDGEMENT

在《昆山市学校规划设计导则》调查、研究和编写出版过程中，以下部门、企事业单位的领导和专家提供了极大的支持和宝贵的建议，在此致以衷心的感谢。

昆山市自然资源和规划局	江苏省昆山中学
昆山市教育局	昆山开发区高级中学
昆山市交通运输局	昆山市第一中学
昆山市公安局	昆山市周市中学
昆山市住房和城乡建设局	昆山市玉山中学
昆山市城市管理局	昆山市青阳港实验学校
昆山经济技术开发区规划建设局	昆山市玉峰实验学校
昆山高新技术产业开发区规划建设局	昆山市娄江实验学校
昆山花桥经济开发区规划建设局	昆山高新区南星渎小学
昆山市张浦镇建设管理局	昆山开发区震川小学
昆山市周市镇建设管理局	昆山市柏庐实验小学
昆山市陆家镇建设管理所	昆山市实验小学
昆山市巴城镇建设管理所	昆山市培本实验小学
昆山市千灯镇建设管理所	昆山开发区晨曦小学
昆山市淀山湖镇建设管理所	昆山市绣衣幼儿园
昆山市锦溪镇建设管理所	昆山市北珊湾幼儿园
昆山市周庄镇建设管理所	苏州市实验小学校
昆山交通发展控股集团有限公司	宁波市德培小学
昆山城市建设投资发展集团有限公司	苏州华造建筑设计有限公司
昆山市公共交通集团有限公司	苏州规划设计研究院股份有限公司

还有其他在本书研究与编写出版过程中，给予支持与帮助的人们，在此一并致谢！